深入客戶內心、提高成交率，

銷售情緒心理學

八大高情商成交法

馬斐 —— 著

EMOTIONS AND
SALES PSYCHOLOGY

培養高情商，
讓客戶願意與你成交！

結合心理學與實例，
跟著本書深入了解客戶心理

情商（Emotional Intelligence）
銷售技巧（Sales Techniques）
客戶心理（Customer Psychology）
溝通策略（Communication Strategies）
情緒管理（Emotion Management）

目錄

目錄

目錄

第一章

掌控情緒，不受客戶言行所左右

1. 所謂會業務，就是情商高

一提到「業務」兩個字，人們立刻會聯想到「口若懸河」的人。覺得凡是做業務的，必定是會說話、能說話，甚至是把死人說活的那種比較圓滑的人。

如果你把做「業務」的人定義成這樣的人，那麼就是大錯特錯了。

有一年，一家集團公司聘請我為他們業務部門新招的員工做培訓，其中有一位叫蔣華的員工，在這二十多名業務員中，是學歷最低（專科學歷），畢業的學校也很普通。更令業務部門負責人不看好的是，蔣華性格內向，話特別少。

之於為什麼錄取蔣華進公司，部門負責人說：「蔣華寫了一封感人的自薦信給集團老闆，雖然面試時被淘汰了，但集團老闆親自打過電話，讓蔣華留下來。」

我聽了，笑笑說：「蔣華能被老闆相中，說明他還是有潛力的。」

負責人不置可否地笑笑。

培訓時間雖然只有一週，但蔣華給我的印象很深，他言語不多，但性格沉穩；他不愛自我表現，但激情滿滿。我交代給大家的任務，只有將華能夠準時完成。

有一次，我交代了一個附加的任務給大家：下班後，讓他

們到市裡的大商場做市場調查，分析公司產品的業務情況。

因為是附加任務，所以做不做全憑自覺。第二天，有一半多的人沒有按我的要求去做，另有幾個人倒是去了，卻只是象徵性去繞了一圈，根本沒有做出實質性的調查。只有蔣華，不但親自去各大商場的商品專櫃問了產品業務的情況，還隨機問了前去購買產品的顧客，誠懇地向他們請教對產品的建議和意見，並認真地記錄下來。回去後，蔣華連夜把專櫃經營者、顧客對產品的建議和意見做了一份報告，又針對性地提出了自己的建議，然後詳細整理好才交給我。

就是蔣華的這份產品市場調研報告，引起公司產品部門的重視，在向集團高層反映後，最終決定，綜合顧客、商場經營者、蔣華的建議，對產品的品質、包裝進行完善、改進。新的產品上市後，受到市場和顧客的追捧。當然，這是後話。

當時，我對蔣華在培訓期間表現，僅限於他是一個對工作具有高度熱情、極度負責，做事情有恆心、有毅力。所以，培訓完後，我對蔣華的評語是：情商高於智商，堅持下去，你前途無量！

之後我因為經常各地到處講課，每次都是蔣華主動跟我連繫，無非就是一些節日期間的祝福資訊。很平淡，但我每次收到時，心裡總感到很溫暖，對蔣華的印象特別好。

再見到蔣華本人，是五年以後，他作為業務部門的副總，

連繫我洽談幫他分部的新業務培訓事宜。此時我才知道，蔣華在半年時間，就從一個職場小白，成為公司的業務冠軍，一年後，他帶領的團隊為公司創造的銷售額達到七位數，單他個人的業績就占了三分之一，而且，五年來他個人創造的業務額紀錄沒人打破過。

蔣華能夠從一個不被人看好的專科畢業生，在短短五年成為公司的業務冠軍和副總，完全憑藉著是自己的實力。我覺得在他這種實力中，情商占了 80% 的比例。

我們做哪一行都不容易，但業務這個行業是最難做的，能堅持下來的大多是菁英。在業務過程中要經歷各種挫折，有的超出我們的想像，在這種情況下，並不是幾句雞湯話就能夠鼓舞我們的。這中間需要的是百折不撓的毅力。

李嘉誠在出席香港理工大學捐贈一億港元的儀式上特意提到，在他經商的經歷中，有助於他面對各種錯綜複雜的問題，對他的成功發揮著很大作用的是「情商」。

李嘉誠自幼家境貧寒，只讀完了國中，輟學後做過茶樓卑微的跑堂者，在五金廠做過普通的業務員，經過短短幾年的奮鬥，他創造了商業神話，成為香港商界的風雲人物，乃至風光無限的香港首富。

對於李嘉誠的成功，香港某報曾有如下評價：「李嘉誠發跡的經過，其實是一個典型青年奮鬥成功的勵志式故事，一個

年輕小夥子，赤手空拳，憑著一股幹勁兒勤儉好學，刻苦而勞，創立出自己的事業王國」。不過，李嘉誠自己認為，他事業有成的真正原因是「懂得做人的道理」，他曾不止一次對親友面授機宜：「要想在商業上取得成功，首先要懂得做人的道理，因為世情才是大學問。世界上每個人都精明，要令人家信服並喜歡和你交往，那才是最重要的。」

李嘉誠的創富史，可以說是「情商」的活教材：情商雖非萬能，但要成功，沒有情商卻是萬萬不能的。做任何事業，只有一個精明的頭腦還遠遠不夠，必須在為人處世方面有過人之處。李嘉誠說過，「別人做 8 小時，我就做 16 個小時，起初別無他法，只能以勤補拙。」李嘉誠就是做到了這些，他勤勉、節儉、樸實、坦誠、善待他人等等優點。

分析李嘉誠的情商，我們會發現，情商高不是「見人說人話，見鬼說鬼話」的八面玲瓏。情商需要我們保持真誠和正直。當我們違背自己的內心情感而去迎合對方時，我們其實是犧牲了自己真誠和正直。如果對方察覺到我們的不真誠，那麼再好聽的讚美也會瞬間失去它所有的價值。

同時，情商還意味著我們在做「老好人」的同時，還要很有勇氣地去面對自己和他人的弱點。當對方的成長真的需要我們指出他們的錯誤時，我們要有勇氣把它指出來而不是選擇視而不見。

傳統觀念認為，業務業績的高低是業務員是否優秀的評判標準。現如今資訊時代，競爭激烈，很多客戶都有非常獨立的購買思考能力和判斷能力。客戶已經不再像過去那樣被產品牽著鼻子走，而是越來越有主見，能夠清晰地辨別和判斷哪些是適合自己的產品。客戶不需要業務員一味地推銷就可以很快洞察到當前的潮流和趨勢。在這樣的環境下，業務員怎樣做才能保證銷量，如何才能抓住客戶的心，如何才能在同行競爭中領先於人？「情商」是最好的答案。

　　隨著未來社會的多元化和融合度日益提高，較高的情商將有助於一個人獲得成功。美國心理學家丹尼爾認為，情商比智商更為重要，在孩子的成長道路上，智商只發揮 20% 左右的影響作用，剩下的 80% 都是由情商來決定的。

　　所謂情商，在心理學上通常是指情緒商數，簡稱 EQ，主要是指人在情緒、意志、耐受挫折等方面的品質，其包括導商（LQ）。也就是說，人與人之間的情商並無明顯的先天差別，更多與後天的培養息息相關。它是近年來心理學家們提出的與智力和智商相對應的概念，提高情商是把不能控制情緒的部分變為可以控制情緒。

　　從最簡單的層次上下定義，情商也是理解他人及與他人相處的能力。高爾曼和其他研究者認為，這種智力是由五種特徵構成，如圖 1-1：

圖 1-1　情商的五種特徵

▍自我意識

　　主要是認識和了解自己情緒的能力，這是情商的一個主要組成部分。自我意識不僅僅指認識到自己的情緒，還要意識到自己的行為、心情及情緒對別人產生的影響。我們要時刻監控自己情緒的變化，這樣才能察覺某種情緒的出現，觀察和審視自己的內心世界體驗，這是情商的核心，只有認識自我，才能成為自己生活的主宰。

　　提高自我意識，就必須能夠監督自己的情緒，認識不同的情感反應，然後正確地定義每種特定的情緒。具有自我意識的人能夠認識到自己的感受與行為間的關係。這些感情豐富、表現恰當的人還能夠認識到自己的優點與不足，樂於接受新資訊，挑戰新事物，並從與他人的交流中進行學習。

　　高爾曼認為擁有自我意識的人會很有幽默感，對自己以及自己的能力很有信心，而且他們很清楚別人對自己的看法。

▌控制情緒

　　除了認識到自己的情緒及其對他人的影響外，我們還需要調節與管理自己的情緒。這並非意味著我們隱藏自己的真實感受，而只是等到合適的時間、地點，用合適的方式表達出來。自我調節是合適地表達情緒。只有這樣才能靈活應變、很好地處理衝突、驅散緊張尷尬的氣氛。高爾曼認為這些具有很強的自我調節能力的人也具有很強的責任心。他們會考慮到自己對別人的影響，併為自己的行為負責。

　　托瑪斯‧穆勒是德國著名的足球運動員，他的情商很高，無論是拜仁還是國家隊，穆勒都能跟他們很好地相處，到哪裡都是開心果，對球隊氣氛的融洽做出很大貢獻。在球場上，他除了踢球外，還會和隊友聊天說笑，但當對方騷擾和挑釁他時，他依然能鑄到頭腦冷靜不會失控，非常懂得控制自己的情緒。比他踢球好的運動員數不勝數，但為何他知名度在世界都有影響。這與他的情商高有很大關係。

▌自我激勵

　　情商高的人能夠依據活動的某種目標，啟發、指揮情緒的能力，自我激勵能使人走出生命中的低潮，重新出發。所以說，內在激勵也是情商的一個重要組成部分。情商高的人的動力不僅僅只來自於外在的回報，例如名譽、金錢、認可和讚揚。他們也還有滿足自己內心需要，實現內心目標的激情。他

們會做有內在回報的事情，在不同的活動中獲得不同的體驗，並去尋求高峰體驗。

具有內在激勵的人往往都是行動派。他們會設定目標，對於成功的要求很高，總會尋找各種方法把事情做得更好。他們往往非常堅定，而且任務擺在他們面前時，不需要督促，他們自己就會去做。挫折抵抗力是每個人都應該培養的，它會讓我們在挫折面前坦然面對，最終戰勝困難。比如世界著名的業務大師喬・吉拉德、齊格勒、原一平、湯姆・霍普金思等，都是在經歷挫折後才成功的。

▎認知他人情緒

情商高的人都能夠透過細微的社會訊號、敏感地感受他人的需求和欲望，這是與人正常交往，實現順利溝通的基礎。只有認知了他人情緒，才能夠產生同理心、理解別人的感受，這就是人們常說的善解人意，也是情商中極其重要的一部分。

不過，善解人意不僅要能夠理解他人的情緒狀態，還要能夠在理解的基礎上給出恰當的反應。比如，你感受到某人正處於悲傷或者失望之中時，這就會決定你對他做出的回應。你可能會更關心、更照顧他，或者努力使他開心起來。善解人意的人能設身處地為他人著想，從不過多埋怨對方。

▌處理相互關係

　　能夠很好地與別人交流是情商的另一個重要方面。因為真正的情緒了解除了要了解自己的情緒外，還要理解他人的感受，還要把你了解到的資訊應用於日常交往與交流中。作為業務員，必須具備處理人際關係的能力，因為與客戶溝通的能力是工作中不可缺少的。比如，世界業務之神喬‧吉拉德在談到跟客戶的關係時，提出了 250 定律，即絕不輕易得罪一個顧客。

2. 頂尖業務都是情商高手

　　頂尖業務員馬雲曾經說的：「DT 數據科技時代一個非常重要的特徵是體驗。體驗是這個世紀很了不起的技能，這個技能不是工程師擁有，不是老闆擁有，體驗是這個世紀人的情商造成的，上世紀拚智商，這世紀拚情商，情商是讓人家舒服，讓客戶舒服，讓合作夥伴舒服，沒有比這個更重要了。」

　　馬雲是這麼說的，也是這麼做到。當年，他這個情商高手在沒有創業資金的情況下，讓一群才華橫溢的員工低薪或無薪跟著他工作，同時也吸引來了合作者和客戶，才打造了今天的阿里巴巴。

　　除了馬雲，很多商界成功人士都是做業務出身，比如李嘉

誠、王永慶、郭台銘、吳惠瑜……為此，前惠普全球副總裁孫振耀甚至還說過：世界財富 500 強公司的 CEO 當中最多的是業務出身。由此來看，頂尖業務員大都有一個共同點 —— 情商高。

所以說，頂尖業務員都是一個情商高手。

在生活中，我們每時每刻地與形形色色的人打交道、處關係，而情商就是維繫各種關係的一個紐帶。情商高的人能夠跟每個人都快樂相處，每一天都是開心快樂。

同樣的道理也適用於業務，因為那些頂尖業務情商高，即便用 95% 的時間與客戶溝通，其溝通氣氛也是愉快的，並且能保質保量地攻下客戶的內心，而剩下 5% 的時間你將輕而易舉地拿下客戶。

那麼，頂尖業務是如何利用高情商攻下客戶的？我們來看一個例子：

業務大師喬吉拉德被譽為世界上最偉大的業務員，曾經創造了出了一天賣出 4 輛汽車，一年賣出 1425 輛汽車的神話。今天給大家帶來的就是喬吉拉德的故事。

在展銷廳來了一位女士，其實就是想看看車打發打發時間，喬吉拉德便向前與她閒聊，在閒聊的過程中這位女士告訴他想買一輛白色的福特汽車，當作送給自己 55 歲的生日禮物。喬吉拉德趕緊對這位女士說：「生日快樂，夫人。」

期間喬吉拉德出去了有兩分鐘回來後，他跟這位女士說：「您既然喜歡白色的車，趁您現在有時間我給您介紹一輛白色的雙門式轎車。」他們聊著正盡興，這時祕書送過來一束花，並把它送給了這位女士，收到花後這位女士感動的哭了，「我很長時間沒有收到花了，剛才看車的時候人家看我開了部舊車都不願意搭理我，其實我就是想買一輛白色的福特汽車而已。」最後這位女士成功購買了雪佛萊，而不是心心念的福特。

頂尖的業務員一定是一個善於借用語言藝術的情商高手。雲速數據探勘告訴我們，一個成功的業務是不會放過每一個客戶的。業務是一門藝術，很多時候之所以能夠成交已經完全脫離了產品本身，業務的最高的境界就是業務自己。

一位美國著名的業務大師在調查了各行各業 2000 多位業務人員之後，發現普通業務人員與頂級業務人員在與客戶的交談中，專業性話題和非專業性話題的比重具備明顯的差異。

普通業務員跟客戶講的專業性話題是 70%，非專業性話題是 30%；頂尖業務跟客戶講的專業性話題是 30%，非專業性話題是 70%。

我有個朋友在三十多歲時轉行做了業務行業。

他剛入職時，經理給了他很多產品數據，以及好幾頁的話術讓他背。他經常是背會後面的忘了前面的，有時在跟客戶溝通的時候常常短路。這時他會真誠地對客戶說：「不好意思，

我年齡大了，又是剛改行做業務的，您多多包涵！」然後拿出隨出隨身攜帶的小本子和客戶一起檢視。

每次看到他跟客戶一起檢視小本子時，經理在旁邊急得直跳腳，私下多次勸他：「實在不行，你就別做這行了？你真不適合做業務。」

他就說：「再讓我把試用期做完，好嗎？我有信心做好。」經理無奈地搖搖頭，心說，你再試一年也這樣。

沒想到，令經理驚訝的是，我這個朋友在試用期第二個月就成為業務冠軍。到了第三個月，他不但仍是業務冠軍，其業務額比第二個月高很多。

一時之間，經理和其他同事對他刮目相看，經理特意找他談經驗，他為難地說：「我真說不上什麼經驗，就是把客戶當成朋友來對待，不管跟他們講產品，還是說家常話，我都是真誠對待他們。」

他講起最近剛簽的那個大單，就是之前的客戶介紹的，他說道：「這個客戶在我上班第一月來過，本來他打算買我們的產品的，但我看到我們公司的那款產品與他所採購的不是太相符，就推薦他到其他店看看更合適的。他說對這個市場不熟，我在工作之餘幫他連繫了好幾家對比，最後總算找他合適的了。他對我很感激，拿出錢來謝我，我拒絕了。他說下次會介紹朋友來我們店裡買貨的。」

當時我的朋友沒有把客戶的話當真，他只是覺得幫助了客戶就很開心。因為聊得來，之後他又主動跟客戶連繫，聊家常、聊工作。沒想到倆人聊成了朋友。此次客戶幫他介紹的這個客戶，對他們的產品很滿意，說過幾天還會有朋友來買的。

　　別人是我們的一面鏡子，我們對待別人的態度決定於對方如何對待我們。頂尖業務高明就高明在，他們深知，用真情和真誠對待客戶，必然能夠換來別人的真情和真誠。真正優秀的業務人員是懂得真情的價值，道理雖然簡單，卻又有幾個人能真正做到。

　　一個好的業務同時也是一個情商高手，因為一個情商高手不一定是業務，但一個成功的業務一定是情商高手。業務要想賣出產品，首先就得攻下客戶的內心，要做到這樣，必定有較高的情商。

　　2011 年，馬丁基於他在十多年中對數千位頂尖 B2B 業務人員的採訪，撰寫了《頂尖業務人員七大性格特質》一文。這些業務人員都來自全球領先企業，他還對其中的 1,000 人進行了五大方面的性格測試：包括開放性、責任心、外向性、隨和性以及消極情緒，以更好地了解他們出類拔萃的性格特徵。結果表明，某些關鍵性格特質直接影響了優秀人員的業務風格以及最終的成功。

　　圖 1-2 是頂尖業務人員的七大性格特質。

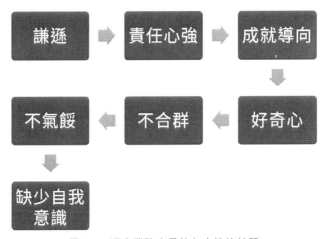

圖 1-2　頂尖業務人員的七大性格特質

▌性格特質 1：謙遜

很多人都覺得成功業務人員誇誇自談、自高自大，但測試結果恰恰相反，91% 的頂尖業務人員都表現得十分謙遜方面，正因為其謙遜的態度，才贏來客戶的好感。那些能說會道、誇大其詞的業務員錯失的客戶遠遠多於所贏得的客戶。

對業務風格的影響：團隊導向。頂尖業務人員不會讓自己成為交易決策中的焦點，而是讓團隊（售前技術工程師、諮詢顧問以及高管人員）成為核心，幫助自己贏得客戶。

▌性格特質 2：責任心強

85% 的頂尖業務人員都擁有強烈的責任感、為人可靠。他們對待自己的工作極為認真，而且對工作結果高度負責。

對業務風格的影響：掌控客戶。在業務過程中，業務人員面臨的最糟情況，就是放棄對客戶的掌控，對客戶言聽計從；或者更糟糕的是，沿著競爭對手引導的方向走。為了掌控自己的命運，頂尖業務人員都會控制業務週期的流程。

‖ 性格特質 3：成就導向

84% 的頂尖業務人員在成就導向上得分很高。他們專注於實現目標，而且會不斷將自己的表現與目標進行比較。

對業務風格的影響：關注業務決策的政治因素導向。在業務週期中，頂尖業務人員會努力弄清客戶決策中的公司政治格局；他們會努力與關鍵決策者會面；他們會針對關鍵決策者，從所售產品如何適合於客戶組織的角度出發，制定業務策略。

‖ 性格特質 4：好奇心

好奇心是指一個人對知識和資訊的渴求。82% 的頂尖業務人員在好奇心上得分極高；強烈的好奇心讓他們在業務拜訪時積極主動。

對業務風格的影響：好問。積極主動性，會推動業務人員向客戶提出一些讓他們感到不自在的問題，以獲得重要的缺失資訊。

‖ 性格特質 5：不合群

與我們通常認為的觀點相反，頂尖業務人員在合群性上

（即友善、喜歡和人在一起）的表現並不好。總體而言，與較差的業務人員相比，頂尖業務人員的合群性平均低 30%。

對業務風格的影響：支配力。這是指讓客戶願意聽從業務人員的推薦和建議的能力。測試結果表明，過於友善的業務人員因為與客戶過於密切，所以很難確立支配地位。

性格特質 6：不氣餒

有 10% 的頂尖業務人員容易氣餒，經常被消極情緒打倒。相反，90% 的頂尖業務人較少或只是偶爾出現消極情緒。

對業務風格的影響：競爭能力。馬丁教授在多年的調查中發現，在頂尖業務人員中，很多人在中學時期參加過有組織的體育運動。在體育運動和業務成功之間似乎存在著某種連繫，因為頂尖業務人員能夠應對失望的情緒，能夠從失敗中恢回信心，並能從心理上為下一個競爭機會做好準備。

性格特質 7：缺少自我意識

自我意識衡量的是一個人容易覺得尷尬的程度，高度的自我意識會讓人容易感到害羞和自我壓抑。而只有不到 5% 的頂尖業務人員具有高度的自我意識。

對業務風格的影響：積極進取性。頂尖業務人員能收放自如地為業務而戰，在業務過程中不擔心惹惱客戶。他們以行動為導向，不懼怕拜訪高管客戶，勇於積極拜訪新客戶。

3. 業務高手都能掌控好情緒

有很多人問我：「業務高手都有什麼共同之處？」

我脫口而出：「能夠很好的掌控好自己的情緒。」

或許我這麼回答有點籠統，可是仔細分析一下就會發現，作為一個業務員，你每天面對的是送錢給你的客戶。古人云：衣食父母。說直白一點，客戶就是我們的衣食父母，沒有客戶認可你的產品，沒有客戶購買你的產品，你就是把產品做得跟花一樣漂亮，也不能當錢花，不能當食物吃。只有客戶，不但能讓你的產品換成錢，也能讓產品物用其盡。所以，面對客戶時，無論客戶如何貶低產品，你都要掌控好自己的情緒，耐心解答客戶的每一個質疑：

我畢業後的第一份工作是在某公司做業務。有一次，因為春節期間物流貨運情況緊張，導致大批貨物無法如期發給客戶。所以，我的一個客戶氣憤地打來電話，要求退貨。

客戶在電話中對我說：「你這個人怎麼這麼不可靠，簽合約的時候，我一再問你能否按期限交貨，你說沒有問題。可是合約上寫得清清楚楚 1 月 13 日全部到貨，可是今天都 1 月 18 號了，我的貨第一批都沒有收到。你給我退貨吧，我不想跟你們這種沒有信譽的公司合作了。而且退貨還得給我補償不能按時提供給我客戶的損失費。」

當時的合約寫的是第一批貨最早 1 月 13 日到，最晚可以延期到 1 月 20 號。此時客戶要求退貨，很明顯是在無理取鬧，發洩他的不滿情緒。但我又不能拿合約的日期給他理論，那樣只能讓客戶跟我的衝突升級。

站在客戶角度上，我理解他的情緒，於是就對他說：「非常抱歉，汪總，這不是剛過完年嗎？現在運力太過緊張，本來調撥給我們的車正好，後來因為對方實在有困難提供不了，才造成了我們公司對部分經銷商延遲到貨。所以，我們公司對您們這部分經銷商額外申請了特殊促銷政策，加送 10% 的促銷禮品。不過您放心，您的貨已經在路上了，預計 1 月 20 日就到了。對於我們工作造成的失誤，我再次向您說聲對不起。我知道您剛才說的退貨是氣話，您想啊，這可是我們第三次合作，對彼此都有信任了。您是做大事情的人，為人又隨和，平時對我多有照顧，雖然我也幫過您不少忙，可是我跟著您學會了很多做人的道理。這次您不看僧面也得看佛面，最後給我一個機會，我保證以後會讓您滿意的。」

客戶在電話那頭說道：「你說得對，我們合作是有信任基礎的，其實我也不想退貨，只是擔心 20 號也收不到貨，因為我這邊的客戶再向我施壓。既然你這麼說，我選擇相信你，但不能有下次了啊。」

有時候，客戶由於心情不好，或者客戶本身比較挑剔，他

們會在衝動之下提出一些過分甚至無理的要求。這時候，業務高手會先平息客戶的情緒，消除爭議，等到雙方氣氛緩和了，再進行推銷工作。

科學研究證實：情緒是不受意識控制的本能反應，而且人類經過數百萬年進化出來的大腦，天生就不容易做到用理智控制情緒。當資訊透過感官傳入我們的大腦時，會分為兩個路徑輸送到不同的腦部區域。這兩個路徑長短不同。短的那一條通向結構相對簡單的腦部區域（即所謂的情緒腦），長的那一條則通向更為精密複雜的腦部區域（即所謂的理智腦）。情緒腦適合做一些快速簡單的判斷，理智腦則適合做需要深思熟慮的判斷。當你認真思考某個事物的利弊時，就是在用理智腦做運算。由於神經傳輸路徑短，情緒腦總是比理智腦先一步得出資訊，更快做出判斷，並將指令傳遞給我們身體的各部分。所以說，控制情緒本來就是一件不容易的事情。

有一句說得好：「你連自己的情緒都無法掌控，何以掌控人生？」做業務如果連自己的情緒都無法掌控，何以平息客戶的情緒？

業務高手也有情緒不好的時候，區別在於：他們可以有效地控制壞情緒；而那些沒有經驗的業務，通常是被壞情緒所掌控。正是因為無法掌控自己的情緒，才導致有一些業務員跟客戶爭吵，輕則把客戶氣跑，重則讓自己的壞情緒自毀前程，這

些都是不能控制情緒帶來的惡果。

由於業務高手控制了情緒，所以不會因為受客戶的情緒影響，更不會因為成交了，就欣喜若狂，也不能因為交易失敗了，就捶胸頓足，對客戶心懷不滿。正是業務高手這種不為所動的積極情緒，使得他們邁向了成功。

業務員最需要把控自己的情緒，是積極還是消極，對最終業務結果的影響可謂天差地別⋯⋯

那麼，業務員如何提高自己的情商，在業務過程中遊刃有餘呢？

▎一、先控制好情緒

情緒是最容易感染人的東西。能夠控制自己的情緒，才能在說服客戶的過程中了解並帶動客戶的情緒，最終讓客戶對產品滿意。業務中最忌諱的就是控制不住自己的情緒。比如，客戶進店試了半天衣服，款式都快試完仍然沒說要買哪一件，這時候有些櫃姐就會露出鄙夷的表情。這種情緒一旦被客戶發現，就會引來客戶的反感，甚至於錯失成交的機會，因為你根本不知道客戶是否會在下一秒說出：「這幾件我都喜歡，幫我包起來。」

不過，也有你苦口婆心，好不容易說服客戶要買你的產品，在簽單的時候，如果露出太過於興奮的情緒，也很容易讓客戶感覺自己是不是上當被坑了。

▎二、多留意客戶的表情

業務員在跟客戶溝通時，要多留意客戶的表情，假如客戶有疑惑的表情，是沒聽明白你的講解，還是對產品有疑問？客戶突然沉默，是不想再聽你講了，還是在下決定簽單？了解對方情緒，才能更好地做出下一步的行動。

業務中還容易遇到這樣的問題：跟客戶講了半天產品，看客戶迷惑的樣子，脫口而出：「你還沒聽明白？」相信這時候客戶心裡對你好感頓失，心想：「怎麼？把我當三歲小孩子了，憑什麼聽你嘮叨半天，被你嫌棄？！」

而那些高情商的業務員會永遠站在客戶的角度想問題，他們通常會說：「我講清楚了嗎？」「如果有哪些想深入了解的，您隨時問我。」客戶如果不了解，通常會繼續問一些問題，但前提是他覺得你在真誠地跟他聊，而不是敷衍，只為了他「聽懂」。

▎三、凡事多想一步

很多時候，人表現出來的情商低都是由於想的太少。比如，跟一個單子時，上來就跟客戶介紹一通產品特點，價格多麼便宜，沒有提前調查、詢問客戶情況，完全不考慮客戶的真正需求；約客戶的時候，不考慮路況，讓客戶在見面地點傻等半天。這全都是想得少，思維不嚴謹，考慮事情不周全造成的結果。

業務本質上是追求共贏的局面，既讓客戶滿意，又能夠完成自己達成交易的目的。由於經常跟客戶打交道，凡事多想一步，盡量做好萬全的準備，不讓對方陷入尷尬境地，才能留下辦事可靠的好印象。

▌ 四、多站在客戶角度考慮問題

　　業務時時刻刻都要與客戶構築關係，並處理好關係。但如果你的關注點只在自己的需求上，而不是先去了解和考慮客戶的需求，和客戶溝通就無法溝通到點子上。情商高的人則會把控與他人的關係，站在對方的角度思考問題。

　　當你站在客戶角度考慮問題時，就知道說哪些事情客戶不會生氣，做哪些事情客戶會高興，可以說，你此時能順利地控制好雙方的情緒，讓你在滿足客戶需求的同時，還能把事情做好，贏得客戶的認可，最終實現自己的目標。

4.「管」好客戶前，先「管理」自己的情緒

　　眾所周知，由於業務工作是跟不同性格的客戶打交道，加之涉及到產品、售後的問題，所以，業務工作千頭萬緒且瞬息萬變，導致業務員的情緒波動變得更大。特別是遭遇推到銷失敗和顧客投訴時，業務員的消極情緒會達到峰值。內心稍微脆弱一點的人，要麼會變得氣急敗壞、失去理智，要麼會悲觀失

意、徹底喪失信心，這些都是情商不夠高的表現。

作為一名業務員，不但要具備更強的抗壓能力，還要具有自我情緒調節能力。只有這樣，才能在顧客情緒不佳時穩住自己的心神，不至於手忙腳亂，做出激化對立情緒的行為。無論此次業務的結果如何，這一頁都應該翻過去，重新保持平和的情緒來處理下一單生意。

做業務這一行，情緒管理至關重要。情緒好不一定成事，但情緒不好卻一定會壞事。作為業務員，面對著繁雜多變的客戶、高負荷的工作壓力、社會及世俗偏見、管理者的不當管理，以及自身的認知偏差、個性弱點等因素，很容易在工作中產生種種負面情緒，影響了業務工作的品質和效率。

要業務員進行情緒自我管理，就是因為糟糕的情緒不但容易壞了自己的大事，也會對他人產生不良影響。正如巴薩德教授所言，「情緒會像病毒一樣，由一個人傳染給另外一個人。」所以，業務員應根據自身的實際，加強對社會和自我的認識，找尋自我的性格弱點，樹立正確的人生觀、價值觀，以實現情緒的自我管理。

我有個學員，在一家大公司做售後服務。

有一年，他們公司最大的年度專案是給某著名公司提供的，而這個專案的協調人就是他。他工作前，在公司受過專業的客戶服務技能課程培訓，他自己業餘也花錢聽過許多相關的

課程。雖然學過這麼多的理論知識，可是一旦用於實踐中，他還是有點力不從心。

他最初與某著名公司的人員打交道時，感到特別吃力。先是和該公司業務部門的關係緊張，後來了解到原因是公司之前的專案沒有滿足客戶的要求，這讓對方專案負責人和參與人員憋著一肚子氣，用非常不禮貌的說：「請問我們付那麼高昂的服務費？你們是怎麼幫我們提供服務的？如果繼續合作，你們用什麼給我們提供信任？」

看著對方那張冰冷而又拒人於千里之外的臉，他臉面上也有點過不去，都是成人了，即便是為了工作，對方譴責人的話也讓人難以接受，但對方是客戶，絕不能頂撞的。於是，他控制住自己的情緒，微笑著說盡好話：「您批評得對，我們再多的保證，不如去行動，您們就看我們接下來的表現吧。」

就這樣，他每次去時都是謙虛謹慎地說好話，最重要是多聽對方數落，幾次對話後，對方的氣漸漸消了，態度一次比一次有所緩和。

有一次，客戶負責人打過來電話，在電話中又是各種挑毛病和訓話，或是發牢騷和抱怨，他一面要應對主管交付的工作，一面要盡全力耐心安撫對方的情緒，為了跟對方打好關係，他還會詢問對方個人有什麼需要幫助的。

那段時間，因為跟客戶溝通不順，他經常挨主管訓，曾一

度懷疑自己的能力。但他面對滿身是刺的客戶，還是極力控制住自己的情緒，或是小心地回答客戶的問題，或是耐心傾聽，很多時候，他一放下電話就滿肚子委屈，好多次都有過離職的打算，為了安撫客戶情緒，他中午顧不上吃飯，認真地把簡報修改好，直到客戶滿意為止。

經過兩年的歷練，他在客戶面前能夠應付自如了。為此，客戶方的副總裁多向他的主管誇他。這讓主管很高興，對他：「現在找到一位能力強，情緒控制又好的業務員真是太難了，總算找到你了。也就是你能把我們脾氣那麼大的客戶牟搞定，還互相配合這麼默契，真是很不容易啊。」

事後他總結說：「我的工作能做順手，可能是時間長了磨平了稜角，但真實的原因，我知道，想要事情進行得順利，要想處理好客戶的情緒，必須先管理自己的情緒太重要了。

每個人的工作都會跟人打交道，而且只要跟人打交道，就必定付出情緒勞動，一般的情況下，我們知道有體力勞動、腦力勞動，但情緒勞動卻經常被人忽略。

作為業務的人員，如果沒有良好的情緒勞動付出，既無法說服客戶、打動客戶，讓客戶採取行動，達成購買意向，也無法讓自己在業務行業堅持下去。

情緒是一把雙面刃，管理不好，在傷到自己的同時也會傷到別人；管理好了，就能披荊斬棘，做任何事情都順順利利。

低情商的人總是被情緒所左右，無法冷靜地說話做事。哪怕內心明明知道自己在犯錯，也不肯改正，直到出了大麻煩才後悔莫及。高情商的人則懂得根據場合需要來調節自己的情緒，並設法穩住對方的情緒，以便把事情做成。

任何業務都會跟客戶打交道，其實，跟客戶打交道，更多的是「管理」客戶的情緒，客戶的情緒穩定了，你們的關係就穩定，後面的工作就容易做下去。所以，業務員要「管」好自己的情緒。

下面，就為大家提供幾種方法：

▌ 情緒管理 1：用真誠和熱心營造穩定的情緒

穩定的情緒能讓你在狀況好時情緒是良好；狀態不好時，你的情緒也能保持良好。熱心會讓你的情緒產生積極的結果，這是因為情緒具備感染力，面對你的熱情，客戶即使有怨言，也不容易發出來。真正的熱心是一種生活方式，是內在感覺的一種外在表現，與大聲講話或多說話沒有任何關係。

▌ 情緒管理 2：正視情緒差別

人和人之間的相互需要，是因為他們之間的差別，而並非他們的共同點。對別人不同的態度和行為抱著好奇心和包容心，可以驅散心中的仇恨。所以，面對客戶的壞情緒，你要給予包容，並且試著幫助客戶驅逐壞情緒。

▍情緒管理3：及時清理情緒垃圾

憤怒、仇恨都是讓人討厭的情緒，可稱之為「情緒垃圾」。這些堆在你心靈上的垃圾，會在你人生旅途中一一出現，在你和他人接觸時也會碰到。當你內心不誠實時，你就會懷疑別人；當你不信任自己的時候，你也不會信任別人。當自己不珍惜別人時，你會發覺別人也不在乎你；你所關注的事，往往也是別人所關注的事。所以如果你希望與客戶好好相處，就要懂得關心客戶。

▍情緒管理4：積極付諸行動

有思想才有行動，因此你應當前一晚做好規劃，以便第二天執行。這會讓人養成積極計劃的好習慣，對自我發展十分有利。行動力可以產生更強的熱心。事實證明，熱心的驅使，能讓你的命運變得更偉大。

5. 控制情緒，絕不與客戶爭執

人們常說，「衝動是魔鬼」。在經營中，要學會控制自己的情緒，不要衝動。和顧客吵架，相當於「殺敵一千，自損八百」。所以，做俏售要學會忍耐。無論客戶有多急，脾氣有多大，你要始終給予耐心，笑臉相迎，並拿出誠意來解決問題，就沒有過去的「火焰山」。一氣之下跟客戶吵架，就等於向

其他顧客下「逐客令」，會給客戶留下不好的印象，有些客戶可能就因此不願再進店購物，店鋪就會無法聚集人氣，聚攏顧客，久而久之，生意就會清冷，生意也會越來越差。

劉金來到一家粥鋪吃飯，吃飯過程中，劉金手機不停進資訊，他就低頭回覆。

此時，一名女服務生走到他桌前，迅速將劉金使用的菜盤子、碗等一股腦扔在了桶裡。

「我還沒吃完呢？」劉金一下就怒了。誰知，女服務員更加激動：「你在那一直玩手機，我以為你吃完了呢！」兩人發生爭執，互不相讓。沒想到的是，女服務員竟將鄰桌的半碗剩粥直接扣在了劉金頭上，又上前一頓廝打。

警察趕到現場，將兩人帶回派出所。經查驗，劉金的頭部、脖子處均有被燙壞的痕跡。經查驗，劉金的頭部、脖子處均有被燙壞的痕跡。

直到此時，女服務員才慢慢「消停」了，說話的調門也降了下來。她說，當時人太多，屋內發悶，所以影響了她的工作心情，本來心情就很煩，碰到劉金跟她吵架後，她的脾氣馬上就上來了，沒控制住自己的行為。女服務員被處以拘留10日。

在工作中這是最忌諱的事情，因為控制不住情緒，影響力他人就餐，相信上例中的飯店，在發生這件事後，會很難再有顧客去店裡光顧的，並且還會使整個飯店的口碑因為這件事情

一落千丈。

有研究顯示，一個人憤怒的那一個瞬間，智商是零，過一分鐘後恢復正常，再此期間應該平復自己的情緒，而不是不加以控制隨意發洩。

控制不住情緒，往往原因都在自身，主觀意識決定行為，看別人不順眼，是自己修養不夠。

業務員一旦因為控制不住情緒跟客戶爭執，那麼結果就像「西洋骨牌效應」，當你把自己的情緒發給第一個客戶後，後面的客戶也就離你遠去了。

我居住的社區附近，有一家連鎖超市。

有一次，我逛超市時，想在疏菜區買點新鮮疏菜，卻發現一位業務員在跟一位顧客吵架。

原來，那位顧客看到超市的蔬菜壞的較多，就忍不住問道：「怎麼都是一些不新鮮的菜啊，有沒有好一點的？」

我們都知道，任何商家都不願意顧客挑自己商品的毛病，哪怕自己的商品品質真有問題，他自己也看不到，因為對於業務來說，商品就像自己的「孩子」，自家孩子當然是越看越好看了。

在一旁的業務員聽了大怒：「這菜明明都是新擺上來的，你還說不新鮮？新鮮的有啊，在那邊。」說著他一指有機專櫃，「但那價格怕是你吃不起吧。」

顧客一聽急了：「你這是什麼態度？我不就是問問嗎？有必要進行人身攻擊嗎？」

業務員也不示弱：「你到底是來買菜的？還是看我的態度的？我哪句話對你人身攻擊了，別血口噴人了。」

顧客氣呼呼地把拿在手中的菜一扔，說：「沒想到你家菜不怎樣，人更差。我再也不會來你這裡買菜了。」

「誰稀罕你來呢，買一把青菜還這麼多事。」業務情緒越來越大，「本店也不歡迎你。」

顧客是一位女士，見狀指著男業務說：「看你這傻樣，早知這店裡有你，你請我來都不來，我瞎了眼，以前還給你們這裡送錢，你們就這樣對待一個上門送錢的顧客？」……

一來一往，中年男業務和女顧客吵得不可開交。其他買菜的顧客也不買了，都圍觀來看，看著那業務那蠻橫的態度，一個個顧客都搖搖頭。有很多正在超市購買商品的顧客看到這種情形，也都皺著眉頭紛紛離去。

上例中這個中年男業務員就是典型的情商低，不懂得控制情緒，才讓一個本來不該發生的衝突事件搞大的。同樣是面對賣家的挑剔，情商高的業務則會笑著回答：「真抱歉，這次進的菜有的確實品相、品質不好，不過您看這價格是不是相對的便宜一點呢。您看我們有機食品專櫃的菜，看著是新鮮，可是價格也擺在哪裡呢。您說是不是？不過依我的經驗，如果現

吃，這菜買回去還是挺划算的。」

　　業務情緒失控把氣發在顧客身上，這是自斷後路的行為。對於業務來說，要想把工作做好，就要有忍耐的精神，有容人的肚量。要明白業務和顧客之間的關係，是成交，不是鬥氣的，更不是為吵架的，而是為了幫公司賺錢，從而改善自己的生活品質。

　　忍耐是一種策略，學會控制自己的情緒，也是一種經營技巧。俗話說：「和氣生財。」業務在與顧客交往過程中，遇到顧客發脾氣、占便宜、耍蠻橫等情況時，一定要做到用微笑化解矛盾，用道歉求得諒解，用寬容善待顧客。只有這樣，才能贏得顧客信任，你的工作才會越來越好！

　　有許多時候，我們都是說著容易，真正做到卻很難。所以，在客戶面前，控制情緒是非常重要的，下面就為大家提供幾種方法：

▌方法一：抓住時機跟客戶處好關係

　　在與客戶交往的過程中，開頭與結尾常常給人留下深刻的回憶和印象。特別是最後一剎那感受的強烈印象，更能左右對整體的印象。所以，你在跟客戶交往時，越在最後一刻，越要控制住自己的情緒，爭取給客戶留下一個好印象，非常有助於客戶對你的信任感。

▎方法二：找到跟客戶相處的方式

與客戶交往要用獨到的眼光，根據客戶的特點，運用不同的方式，來拉進彼此的距離。當你跟客戶關係處好了，客戶就會受你影響，不會發脾氣的。

▎方法三：掌握好說話的分寸

業務員讓客戶感覺愉快並不等於一味熱情、親近，去拉進與客戶的關係，而要保持適當的距離很重，同時還要掌握好說話的分寸。其實，客戶跟我們一樣是普通人，他們情緒的爆發，有很多個人原因，並不單是針對我們，如果我們能夠在他們情緒不好時，把話安撫到位，相信客戶就不會再為難你了。

▎方法四：真誠地回答客戶的問題

客戶的情緒是不可以玩弄的，要管理好客戶情緒，就必須出自真誠，給客戶愉快感受，說了做不到，說假話，做不真誠的事，都比不說、不做要糟，會徹底失去顧客的信任。

▎方法五：在跟客戶溝通時要多關注細節

對於商家來說，有很多事半功倍的招數都可以考慮，把客戶放在第一位不是隻是說在口頭上，而應展現在行動上，展現在每一個細節上。

▍方法六：給客戶良好的情緒體驗

業務要給客戶良好的情緒感受，要學會「穿客戶的鞋子」，即把自己放在客戶的位置，去實際體驗實地的感受。

6. 有效管理情緒的幾大步驟

每一個人對自我情緒都具備一定的自制能力，只是不同的人自制能力不同罷了。一位偉大的哲人說了這樣一句話：「如果敵人讓你生氣，說明你還沒有勝他的把握。」當然，此處的「敵人」未必是有你無我的「死對頭」，可以是上司，以及同事，還可以是競爭對手，更可以是客戶。

心理學上有一個著名的 ABC 理論，即情緒的產生並不是誘發事件本身直接引起的，而是經歷這一事件的個體對這一事件的解釋和評價所引起。業務員很可能會年輕氣盛、血氣方剛，對很多話聽不進去，對別人的很做法看不下去，在與他們鬥智鬥勇過程中亦缺乏耐力與韌性，結果很容易開啟自己洩洪的閘門……

情緒管理要強調自我性，就是要讓業務員知道，你才是管理自己情緒的主角。我們來看一個小故事：

有一天，佛陀行經一個村莊，一些前去找他的人對他說話很不客氣，甚至口吐穢言。佛陀站在那裡認真地聽完問道：「謝

謝你們來找我，不過我正趕路，下一村莊的人還在等我，等明天回來之後會有充裕的時間，到時候你們如果有什麼話想告訴我，再一起過來好嗎？」

那些人簡直不敢相信自己的耳朵，不明白佛陀為什麼會這樣？其中一個人問佛陀：「難道你沒有聽見我們說的話嗎？我們把你說得一無是處，你卻沒有任何反應！」佛陀溫和地說：「假使你要我反應的話，那你來得太晚了，你應該在十年前來，那時候的我就會有所反應。然而，這十年以來我已經不再被別人所控制，我不再是個奴隸，我是自己的主人。我是根據自己在做事，而不是跟隨別人在反應。」

優秀的業務員在客戶面前就得像故事中的佛陀一樣，練就情緒自我管理的能力。簡單地說，情緒管理分為四個步驟，當然，實際的操作並沒有想像中那麼簡單，如同修行一樣：

第一個步驟：體察自己的情緒

作為業務員，必須隨時「監控」自己的情緒，要善於多向自己提問，諸如為現在情緒如何？我還遇到什麼樣的糟糕情況？要是那樣我怎麼辦？我現在有什麼感受？我產生情緒波動了嗎？……要知道，人一定會有情緒的，壓抑情緒反而帶來更不好的結果，學著體察自己的情緒，這是實施情緒自我管理的第一步。

▌第二個步驟：接納自己的情緒

　　當我們看到自己憤怒時、傷心時會怎麼想？怎麼做？大多數人對此是沒有覺察的，或者說，行動被自動開啟了，這就是有些人常說的「我心裡明白不該對別人發火，但我卻做不到」。

　　業務員也是如此，當你這些合理的情緒出現時，並沒有所謂的好與壞。面對客戶的無端的指責和抱怨，有些業務員憤怒了會忍讓，有些業務員會找合適的管道發洩，而有些業務員則會對客戶發脾氣，傷及客戶。所以，行動才是致命傷！而這情緒與行動之間彷彿就有一個無形的按鈕會自動開啟，難以覺察。

　　那麼，業務員如何改變這種情緒和行動之間的自動按鈕，就是要做一個情緒管控能力強的人呢？這就要看你是否能夠接納自己正常的情緒了！當你覺察到自己的情緒時，只需告訴自己「我現在的情緒憤怒是正常，是遇到了某件事該有的情緒。」這樣慢慢地接納自己也可以是一個有情緒的人，把情緒 —— 接納 —— 行動的按鈕重置，讓自己變為高情商業務。

▌第三個步驟：疏導自己的情緒

　　業務員進行情緒的自我管理，不是完全地控制自己，因為越是控制就越容易失控。就如洪水超過汛限水位需要洩洪一樣，在自我情緒管理方面同樣需要發洩，或者說表達。但是，情緒疏導的前提是心理健康。要知道，人的情緒是與人的心理

健康狀況緊密連繫的，「牢騷太盛防腸斷，風物長宜放眼量」。其實，牢騷滿腹只是一種不恰當的情緒疏導，牢騷越多副作用越大。

那麼，如何緩解和消除精神壓力呢？緩解壓力的方法：一是大吼，諸如運動員在比賽前都要大吼一聲，其實，這是緩解壓力；二是聽音樂，聽一些輕柔、舒緩的音樂，有助於減輕你的壓力；三是積怨傾訴，將你自己心中的不滿向家人或好朋友傾訴，你也能得到解脫；四是放鬆神經，進行放鬆訓練，諸如呼吸法、肌肉訓練法，以及自我催眠、自我暗示訓練法等等；五是適度運動，如在辦公室做壓力操；六是透過其他設施，諸如某快遞公司為員工提供減壓球，員工壓力大時可以以此球減壓⋯⋯

▍第四個步驟：轉移自己的情緒

說到轉移情緒，曾有這樣幾幅漫畫：第一幅畫中畫了一個人正遭到老闆的破口大罵。因為跟老闆頂嘴是有危險的，所以他只能低頭默默地承受；第二幅畫是他回家後對妻子咆哮，發洩自己的滿腔怒氣；在第三幅畫裡，妻子對孩子們咆哮；第四幅畫裡孩子們則出去踢了狗，狗又咬了貓。這幾幅漫畫形象地說明了人是怎樣置換自己的情感，特別是憤怒的，或者說情緒轉移。所謂情緒轉移，就是把對某一對象的情緒轉移到另一對象身上。

作為業務員，因為工作原因，接受到的負面情緒要比正常人多，所以，必須想辦法轉移自己的情緒，把自己對客戶的憤怒或喜愛的感情，透過轉移情緒來控制自己的衝動，從而滿足情感需求，化解心理焦慮，緩解心理壓力，這就是轉移的作用。實際上，這是人們常用的一種心理防衛機制。

不過，在自我情緒管理方面也要防止情緒轉移，比如，業務主管批評了你，你就把氣「發」到客戶身上，或者其他業務同事身上，這些都不可取。為此，你要學會進行自我心理調節和疏導，並懂得與人保持良好的溝通和交流，以及多進行換位思考，或者進行虛擬宣洩而不針對實際工作中的某一個人，實現不良情緒的正確轉移，這樣就不至於使情緒極度惡化。

▌第五個步驟：陶冶自己的情操

這一點業務員很容易能夠做到的，由於工作的原因，要與不同性格的客戶打交道，前面我們也講過，頂尖業務跟客戶談論的話題中，非專業的話題遠高於專業性的話題。所以，如果你想得到更多客戶的喜歡，就多看書、畫畫、學音樂、舞蹈等等，當你培養了廣泛的興趣愛好時，既能讓你跟客戶有話題，又能陶冶自己的情緒，何樂而不為呢。

第二章
心態樂觀，成交不傲遭拒絕惱

1. 積極樂觀的業務員更有感染力

情緒之於人，就如同水之於舟。水能載舟，亦能覆舟。積極的情緒給人帶來積極的行動力和成功的果實，而消極倦怠的情緒則使人整日不知所謂，到頭來失敗也總結不出個原因。

對於業務人員來說，如果沒有樂觀的心態，則就會失去很多客戶與交易的機會。當業務人員面對困難的時候選擇退縮，那麼就無法完成業務任務，也必將會對生活失去信心。

同樣兩個業務員，如果一個是積極樂觀，另一個則消極悲觀。那麼前者一定會比後者更討客戶喜歡，在職業生涯上做得更順、更好！

兩家電腦業務公司分別派出了一個業務員去開拓市場，一個叫吳金山，一個叫張揚，在同一天，他們兩個人來到了同一個地方，到達當日，他們就發現這個地方的人根本不知道什麼是電腦，也就是說，他們對電腦一無所知。

當天晚上，吳金山向總部的主管發了一封電郵：「主管，這裡的人不懂電腦是什麼，有誰還會電腦？我建議公司別在這裡開拓市場了。」

張揚也向公司總部發了一封電郵：「主管，太好了！這裡的人都不懂電腦。我決定在這裡多待幾天，向他們普及電腦知識，讓電腦改變他們的生活和工作。」

兩年後，這裡的很多戶人家都使用電腦……

即便是對於同一個市場，但由於兩個業務員不同的態度卻截然不同，積極樂觀看待問題的張揚，看到的是商機，而消極悲觀的吳金山則是看到的失望，因為看待市場的角度不一樣，收穫的成果自然是天壤之別。

任何事情都具有兩面性，就如同古人說的，賽翁失馬，焉知非福。其差別就在於一個是積極樂觀，一個是消極悲觀。積極樂觀的人，無論是遭受失敗還是面對困難，他們都會用積極的心態暗示自己，只要自己去努力，一切都會朝好的方向發展。正是由於這個堅定的信念，才讓他們在行動上會變得積極起來。

當然，積極樂觀並不只是口頭上說說而已，必須是發自內心的。這就是為什麼一些公司和店鋪，為了提高員工的士氣，帶領他們搞一些喊「我能行」「我可以做到」等鼓舞士氣的口號了。更為重要的是，樂觀的業務員會在困境中把握住業務機會轉敗為勝。

因為從事業務這個行業，挫折是普遍存在的，隨時隨地都可能發生。所以，業務人員要做好面對挫折的充分的心理準備，這樣才能讓你在遇到挫折時，就不會驚慌失措，痛苦絕望了，而能夠正視現實，勇於面對挫折的挑戰。而積極樂觀的業務，會在整個業務過程中感覺到很多快樂、幸運和幸福的事

情，哪怕他們遇到挫折時，也不會只看到挫折帶來的損失和痛苦，更多是看到自己的優點和已取得的成績，這讓他們不會輕易地在遭遇挫折時產生不良情緒之中，即使有，也能讓自己盡快從情感的痛苦中解脫出來，以理智面對挫折。

成功前的「推銷之神」原一平，曾經穿破了 10000 雙鞋子，行程相當於繞地球 89 圈，並且說：「我的座右銘是比別人的工作時間多出 2 ～ 3 倍，工作時間若短，即使推銷能力強也會輸給工作時間長的人，所以，我相信若比別人多花 2 ～ 3 倍的時間，一定能夠獲勝。我要靠自己的雙腳和時間來賺錢，也就是當別人在玩樂時，我要多利用時間來工作，別人若一天工作 8 小時，我就工作 14 小時。」

業務是一件充滿坎坷與挫折的工作，行銷人要想出人頭地，要想比別人做的更好，就必須擁有一顆積極的心態。

由此可見，樂觀可以讓失敗和遇到挫折的業務看到勝利的希望，重新振奮精神並客觀冷靜的分析失敗的原因，從而提升自己的業務水準，從失敗不斷走向成功。而悲觀的業務則會沉溺於失敗強烈挫折感和自責、自卑之中，逐漸失去信心而放棄。所以，要想做頂尖業務員，必須擁有積極樂觀的心態，這是因為：

▍積極樂觀是業務人員成功的必備條件

積極樂觀對於業務員來說，就是無論在什麼情況下，即使業績很不理想仍然保持良好的心態和工作熱情、相信逆境總會

過去、相信成功總會到來、相信失敗就是成功之母、在經歷無數次的失敗之後，依然相信再堅持一下訂單就會屬於自己的。

比如，公司為你設定每月業務任務是 80 萬，臨近月底，你完成 45 萬。樂觀的業務員就在心裡鼓舞自己：「我已經成功了一半多一點，再加把勁就會成功的。」這麼一想，他會著手改進工作計劃並積極去執行，而悲觀的業務員則會宣布放棄，在他們看來，45 萬離 80 萬差了將近一半，要想在短短十來天完成，簡直是做夢。

▍積極樂觀的業務員會充分發揮自身的潛力

在積極樂觀的業務員眼裡，看到的都是希望，只要有希望，他們就不會放棄。正是這種不放棄的精神，激發了他們身上那股「一定成功」的潛質，從而激勵自己摘取成功的桂冠。比如，汽車鉅子亨利‧福特在年輕時擔任過工程師的職務。有一次他帶隊修築一條河堤，不料突然來了場暴風雨，大水淹沒了所有的機器裝置，辛苦構築的工程也全遭摧毀。當洪水退去之後，工人們望著遍地的泥濘與東倒西歪的機器，一個個感到萬念俱灰。

「你們怎麼都哭喪著臉？」福特笑著問大家。

「你自己瞧！」他們哭喪著臉說道：「遍地都是泥濘。」

「我怎麼沒瞧見？」他爽朗地說。

「這不是嗎？還有那裡……」工作指著滿是泥漿的機器，不解地說。

「我只看出蔚藍的晴空，那上面沒有一片泥巴，即使有，泥土又如何抗拒陽光的照射呢？不久泥土就會結塊，我們就可以重新開動推土機了，不是嗎？」

很多時候我們不是輸給了競爭對手，而是輸給了自己，業務員在與競爭對手爭奪客戶時，我們提供的方案（產品／服務）和綜合實力不是沒有贏的希望，而是由於悲觀的心態自己就把自己給否定了，從而白白浪費了業務機會。

▌積極樂觀的業務更容易傳染顧客

積極樂觀在很多時候就是正能量的代名詞，這樣的人不但善於發現工作和生活中的真善美，開放自己的心胸，讓自己活的開心快樂，隨時帶著微笑，走到哪裡都是「陽光使者」，還會把這種情緒傳染給周圍的人。

業務原本就是一種信心的傳遞和信念的轉移，而快樂具備一種強大的傳播力、吸引力和影響力。樂觀的業務員在跟顧客介紹產品時，能讓積極樂觀的情緒感染顧客，讓顧客享受產品本身帶來利益的同時獲得一種快樂的消費體驗，讓客戶更容易跟你交往和敞開心扉。

▌積極樂觀的業務總是看到事物積極的一面

一個積極樂觀的業務員的心裡，幾乎是填滿了「快樂陽光」，他們深信只要不放棄，成功說服客戶只是早晚的事情。

比如，同樣是被客戶拒絕多次，積極樂觀的業務會想：「沒有失敗何來成功，天下之在，我相信還有更好的客戶等著我呢，這次我遭受到拒絕，說明我需要在溝通技巧上下功夫提高了。」結果是，積極樂觀的業務員從自身找到原因後，就會想辦法自我提高，這樣再見到客戶時，他的表現也會有進步的。就這樣他們在失敗中不斷調整自己，不斷地讓自己進步，直到成功地談到客戶為止。

消極悲觀的業務則會想：「為什麼我總是被人拒絕，是不是我根本就沒有做推銷的天分呢？我不能再這樣下去了，還是換一份工作試試吧。可是再換工作，還要投履歷、面試，適應新環境，太麻煩太冒險了。唉，我怎麼這麼倒楣啊，我什麼時候才能轉運呢？」結果是，他們會越來越害怕拒絕，越來越害怕見客戶，而另換行業，他們又覺得太麻煩了。就這樣他們會在失敗中不斷地否定自己，不斷地讓自己退步，直到完全失敗告終。

2. 偉大的業務員都能積極地定位自己

樂觀的心態，對於業務員還有一個好處，那就是他們能夠在工作中積極地定位自己。

阮文軍是我們公司的業務總監。記得他在任職不久寫工作

週記時，他其中的一句話讓我眼前一亮，這句話是這麼寫的：

作為一個業務菁英，我這週表現好的地方有以下幾點……但這還遠遠不夠，我計劃在接下來的一週要求自己必須談 10 個準客戶，20 個有意向的客戶，30 個潛在客戶，挖掘 40 個在半年內簽單的大客戶……

正是阮文軍對自己業務的積極定位，才讓他在任職三個月時，就能拿下兩個大客戶，而且他第三個月為公司創造的回款利潤，是一般業務員一年的業績。在一年後，他就晉升業務部門的總監。直到現在為止，他每月談的客戶量仍然是整個部門最多的，其業績是屬下的一倍。

我在我的學員中也發現，那些聽我課的業務，他們大多是剛選擇做這行不久，可是他們對自己的定位都很高，要麼是要做業務界的原一平，要麼是要做偉大的業務大師喬吉拉德。當他們對自己有了這樣積極定位後，在以後的業務生涯中，都做得相當出色。

業務是一門藝術。一個偉大的業務員應該具有執著的追求和非凡的魅力。一個業務人員的成功，不僅在於他能賺取多少佣金，取得多少榮譽，更在於他在整個業務過程中有沒有以客戶的利益為依歸，整個業務過程中有沒有堅守專業操守，及為客戶提供優質的售後服務。所以，偉大業務員必須做到以下幾點：

▌ 第一點：擁有堅定的自信心

自信心是業務人員對自己行為的正確性堅信不移的信念。堅定的自信心能讓業務員正確定位自己的角色。而且，這種自信不是盲目的，不是超越自我現實的無根據的自信，而是在自我認識和自我評價基礎上建立起來的自信。能對自己各方面進行分析、比較、判斷，弄清自己的長處和短處。法國哲學家盧梭說：自信對於事業簡直是奇蹟，有了它，你的才智可以取之不竭。一個沒有自信心的人，無論他有多大才能，也不會有成功的機會。自信心是業務人員的精神支柱，它能使業務人員激發出極大的勇氣和毅力。勇於面對挑戰，在困難面前臨危不亂，處世不驚。

信心是一種力量，擁有信心的業務員每天工作開始的時候，都要鼓勵自己：「我是最優秀的！」「我是最棒的！」信心會使他更有活力，他不但相信自己，也相信公司，相信公司提供給客戶的是最優秀的產品，相信自己所業務的產品是同類中的最優秀的，相信自己能夠做好自己的業務工作。

▌ 第二點：用熱情影響客戶

很多業務人員缺少銷售時的熱情，只是刻板機械的向顧客介紹，這樣的效果非常差，因為相同的資訊顧客可以從宣傳資料上獲得，但那種冷冰冰的東西不會幫你賣掉商品，你需要用自己的熱情帶動起顧客的熱情，把他拉入一個氛圍當中，這時候顧客就更容易做出購買決定。

▌ 第三點：真誠地對待客戶

凡是要有誠心，心態是決定一個人做事能否成功的基本要求，作為一個業務人員，必須抱著一顆真誠的心，誠懇的對待客戶，只有這樣，客戶才會尊重你，把你當作朋友。業務員出外拜訪客戶，代表的是公司的形象，企業素養的展現，是連線企業與社會，與消費者，與經銷商的樞紐，你的言行舉止會直接關係到公司的形象。所以，用一顆真摯的誠心去面對你的客戶。

▌ 第四點：良好的心態

業務員只有具備良好的心態，才能夠面對挫折、不氣餒。因為你面對的每一個客戶都有不同的性格，自己受到打擊要能夠保持平靜的心態，要多分析客戶，不斷調整自己的心態，改進工作方法，使自己能夠去面對一切責難。只有這樣，才能夠克服困難，同時，也不能因一時的順利而得意忘形，要有一個平常心來面對工作。面對你的事業。

▌ 第五點：專業知識必須扎實

無論做哪方面的業務，首先有一點必須要做到的就是對於自己賣的東西的專業的知識一定要扎實，一定要透澈的了解，只有自己了解透了，那麼接下來跟客戶談的過程中才能順暢的聊下去，才能根據自己的專業知識為客戶解決問題。

▌第六點：懂得隨機應變

這裡所說的隨機應變，指的是面對不同的客戶要採取不同的措施。在跟客戶談的過程中，自己要根據客戶的不同性格，採取不一樣的措施解決問題。有些客戶可能跟你談的時候，性格會比較冷，那麼這個時候你一定要熱起來，一定不能冷場，要用你的熱感染客戶。

▌第七點：善於細心觀察客戶

做業務不能粗心，想要做個好業務更不能粗心。自己觀察客戶，透過一些細節，能得出這個客戶的數據，從而為你接下來跟他談單造成很大的幫助。所以，一定要細心觀察客戶的一舉一動，有時可以從客戶的舉止中判斷客戶的意圖。

▌第八點：要不斷的學習

業務員要和各式各樣的人打交道，不同的人所關注的話題和內容是不一樣的，你必須要具備廣博的知識，才能與對方有共同話題，才能談得投機。所以，業務員要閱讀各種書籍，無論什麼樣的書，只要有空閒，就要去閱讀它，必須要養成不斷學習的習慣。還得要向你身邊的人學習，要不斷向你的同事請教，養成機會學習的能力。

同時要養成勤思考，勤總結，要做到日總結，週總結，月總結，年總結的習慣，你每天面對的客戶不同，就要用不同的

方式去談判，只有你不斷的去思考，去總結，才能與客戶達到最滿意的交易。

3. 「我可以」的信念，讓你不怕一萬次的拒絕

信念的力量是無窮的。哪怕所有人放棄你，只要你認為「我可以」，那麼你就一定能實現你的目標和夢想。做業務的更是如此，只要你決心成功，失敗永遠不能把你打垮！

困難永遠存在，但辦法總比困難多，有信心就有一切！

業務每分鐘都可能創造奇蹟！這個世界沒有什麼「不可能」的事。你所能想到的一切，只要你堅信並採取行動，都能夠被你實現。

有一個老闆，問他企業裡那些業務冠軍：「你們在面對客戶的多次拒絕，是如何說服自己沒有放棄的？」

他們的回答五花八門：

「無論什麼情況下，我都相信『我可以』，可以簽單，可以成交客戶，可以做得更好。」

「面對拒絕，我對自己說，天下之大，最不缺的就是人，這個人拒絕了我，我再找下一個人去。」

「上帝為我們關上一扇門的同時，也會給我們開啟另一扇窗。」

3.「我可以」的信念，讓你不怕一萬次的拒絕

「失敗是成功之母，沒有多次的失敗，何來的經驗和教訓？」……

他們慷慨激昂的回答，就像臉書裡那些雞湯短文，讓人激動不已。

當我們心中擁有了「我可以」的信念時，就沒有什麼可以阻擋你前行的腳步了。那麼，你還會害怕客戶一次又一次拒絕嗎？在業務璀璨的職業舞台上，正因為「我可以」的信念，才湧現了吉尼斯世界紀錄大全認可的世界上最偉大的業務員——喬‧吉拉德。

「當客戶拒絕我七次後，我才有點相信客戶可能不會買，但是我還要再試三次，我每個客戶至少試十次。」這是喬‧吉拉德的職業名言。

按喬‧吉拉德的這種不怕拒絕的信念，他還愁沒有客戶嗎？信念的力量究竟有多大？舉一個例子：

美國電影巨星史特龍在成名前，可謂是窮困潦倒。他沒錢租房子，沒錢吃飯，只能睡在車裡，但他深愛著演員的職業，在愛的支撐下，他用身上僅有的一百美元來買紙筆，寫著在別人看來甚為可笑的「劇本」。

當時，紐約的 500 家電影公司，都拒絕了既沒有背景又長相平平，同時還咬字不清的史特龍。但他一邊接受別人對他的嘲笑和奚落，一邊拿著他寫的名為《洛基》劇本四處推銷。樂

觀的他，每被拒絕一次，就記下來。

終於有一天，他在被拒絕 1855 次後，遇到一個肯拍《洛基》劇本的電影公司老闆，不幸的是，對方拒絕他在電影中演出的要求，面對史特龍這樣一個骨灰級的職業「業務員」，這算不了什麼。果然，在他的一再堅持下，對方答應了由他主演。

《洛基》上映後，獲得了 1976 年奧斯卡最佳影片等獎項。

把「我可以」的信念植入內心，你也能像史特龍一樣，在面對 1855 次的拒絕後不會放棄，那麼，你也會像史特龍那樣成功的。

當你的業務工作做得不順，想放棄自己的職業夢想的時候，多問問自己：「我被拒絕 1855 次了嗎？」

越是業績顯赫的業務員，被拒絕的次數越多，只不過，他們是善於從被拒絕中學習更高更新的業務方法或是警醒自己的態度和專業，每一位出色的業務員都經歷過無數次的被拒絕。

一位 65 歲的美國老人，發現自己有一份無形的資產 —— 炸雞祕方，於是開始四處兜售。但迎接他的是一次又一次被拒絕，然而老人並沒有沮喪，沒有止步，經過 1009 次被拒絕之後，在第 1010 次，終於有人採納了他的建議，從而也有了如今遍布世界各地的速食 —— 肯德基。1009 次拒絕，你能承受嗎？

日本一位著名的保險業務大師原一平身高只有 145 公分，在 27 歲以前還一事無成。後來他進入了一家保險公司，花了 7 個

月的時間才簽下了保險生涯的第一單。在入行初期，欠房租、睡公園是家常便飯，但他仍然堅持每天認識 4 個陌生人，從來沒有放棄。最終他成功了，成為日本有史以來最偉大的保險業務員。

我的朋友趙寧第一次擔任業務時，是在一家新成立的公司。他半年時間都是零業績，可這個零的背後他沒有休息過一天，甚至一個小時，每天第一個到公司和大廈打掃的阿姨同時到，晚上和老闆一起凌晨才離開公司。雖然這麼長時間沒有客戶，但他每天的目標是成為公司優秀的業務員，那就是見人就分享、開口就讚美、一轉話題就推銷，一天被拒絕的次數沒有 200 次，也有 199 次，剩下的那一次，是對方看他可憐，以「考慮考慮」來擺脫他。

那時，他告訴自己：「你能行，成為公司的優秀業務，是早晚的事。」每天早上上班前和下班回家後，我會跟自己溝通：「今天雖然又是被客戶拒絕了一天，但你表現不錯，我看好你，你能行，明天繼續。」

這些自我勉勵的話都是他發自內心的，因為客戶從來不給他完整表達的機會就拒絕了我，所以，他告訴自己要堅持。

就是在「我能行」這三個字的支撐下，他花費了比同事幾倍的時間找客戶、約客戶。在跟形形色色的客戶打交道時，無論客戶怎麼對待他，他都會笑臉相迎。那個時候，忙碌一天的他，每天晚上都要抱著成功人士的書入睡才能不做噩夢！這讓

他的口才和膽量得到了鍛鍊。

半年後的一天，有位拒絕他 N 次的客戶，在生日那天收到他親筆寫的情深義重的生日祝福賀卡和禮物後，她主動打公司電話邀請他和她的朋友們一起給她過生日。

她生日過後，主動到公司給他開了一個大單，並且當著老闆的面真誠地對他說：「你讓我很感動，你的勤奮，你的付出，你的努力，你的改變，這半年以來你很用心的和我交往，我拒絕你無數次，可你從來不生氣，依然面帶笑容從給我提供建議和服務，特別是我生日那天你真誠的祝福讓我很感動，我必須支持你！」

那年年底，在經歷差不多有一萬次的拒絕後，他成為公司年度優秀業務員。在此之前，他每天同 10-15 位陌生客戶用心交流，十個月後，有 300 多位準客戶被他至少邀請到公司三次，最多的有十幾次。他們大多是被他的誠意感動的。

作為業務員，我們必須要明白一個道理，客戶對你的拒絕，並不是針對你，而是一種習慣性的反射動作。就像我們買東西都喜歡做兩件事，第一挑毛病，第二砍價，如果你沒有這兩個動作，店家都不相信你會買東西。

理查‧班德勒是 NLP（神經語言學）的創始人，世界 NLP 領域的最高權威，也是著名的催眠大師。一般說來，你只有遭遇了拒絕，才可以了解客戶真正的想法，拒絕處理是匯入成交

的最好時機，他的口頭語是：沒有挫敗只有回饋。

在業務的過程中，你只有被拒絕多次，才能分辨出客戶的精準需求，以及客戶喜歡的溝通模式，語氣語調，那種感覺對路，甚至分辨出哪句話既能讓客戶說「是」，又有利於導向成交，然後再精準匹配。

業務是一件非常了不起的職業，能成功和諧有序業務更是一份綜合素養的表現，如果你能把業務做好，你會發現你能做好很多事，讓你提升生活品質，這比一份普通的打工工作要豐富精彩有價值 N 倍。

從這裡來看，業務的過程，又是一個學習與人打交道的過程，要先向客戶學習，接納客戶的觀點、語言、習慣、愛好等，以此創造與客戶溝通的機會，並逐步獲得客戶的信任，然後再沿著共同認可的方向帶動導引顧客跟著我們的觀念走，這個過程和玩遊戲一樣，既好玩又能長智慧，特別是在雙方達成共識簽單的那一瞬間，你會感覺到工作的無限樂趣。

實際上，不僅僅是我們做業務的，需要一次次被拒絕，我們的人生要想精彩甚至逆襲，更是建立在一次又一次的拒絕上的。

在業務過程中，遭到拒絕是司空見慣的，被客戶拒絕不一定是壞事，正確面對這些拒絕，想方設法讓客戶說出自己拒絕的理由，然後才能找出合適的解決方法，最終促成交易。

業務員在面對客戶的拒絕時，一定要設法讓客戶說出拒絕

背後真正的理由。如果你只是一味地阻止客戶提出拒絕理由，就會引起客戶更大的不滿。所以，對於客戶的這種正常表現，業務員不僅不能阻止，還要想辦法加以引導，從他們提出的拒絕理由入手尋找其他說服他們的理由。

面對拒絕時，你正確的表現如表 2-1 所示：

表 2-1　應對客戶拒絕的方法

1	積極看待客戶的拒絕	客戶拒絕你的銷售是一種完全正常的反應，客戶提出的拒絕方式有很多種，而在種種拒絕方式的背後，其實又隱藏著各式各樣的原因：有的客戶對推銷活動本身有一種抵觸心理，所以自然而然地存在著一種防範心理；有的客戶對某些產品或服務存有偏見；有的客戶或許跟推銷員有過糟糕的合作，才讓他們對所有的推銷員有了偏見。要想走進客戶的心，需要你先了解客戶不願意購買的原因，從中找出對口的解決方法，這也是與客戶建立良好溝通關係、促成交易的關鍵所在。
2	客戶自然防範而拒絕你時	不僅僅是客戶，任何人面對陌生人都會有防範心理，特別是我們在與客戶溝通時，當我們漸漸占了上風，客戶會感到有心理壓力。這時，客戶會排斥我們說的話。假如你此時再讓客戶花錢買你介紹的產品自然會嚇跑他們。所以，當你看到客戶對你有防範時，你就該適可而止，改變你的推銷策略了。好的方式是，你此時不要過多地談論你的產品，而是放低姿態，用輕鬆的語氣和話題減少客戶的緊張感。最好拿出一些實證來換取客戶的信任，比如，同行刺激。當客戶獲得了實證並放鬆心情後，防範心理自然就會消除了。
3	客戶只想用藉口拒絕你時	當客戶用一些不便明說的理由拒絕你時，你最好不要尋根問底，而是換一種方式，比如，你可以對客戶說：「假如您擔心效果問題，那您儘管放心，我們有專業的客服顧問，能夠24小時為您提供高效服務。」、「您的顧慮我可以理解，不過我想您在意的或許是其他問題吧。」這種軟性的迂迴戰術有時會突破客戶的防線，會讓客戶主動說出真正想法。
4	客戶因主觀原因拒絕	當客戶因為一些主觀原因而拒絕你的產品，比如，他們說：「我個人不喜歡這種款式的商品。」面對客戶主觀色彩濃厚的拒絕理由，你要冷靜地對待，耐心地等待客戶發洩完後，你再用真誠和熱情的話來引導客戶進入愉快的溝通氛圍中。在說話時，你要對客戶的問題耐心地解答。當客戶看到你的寬容後，也不會再斤斤計較了。
5	客戶因客觀依據拒絕	有的客戶有足夠的冷靜和理智，他們拒絕的理由也很充分。此時，你要實事求是地對待客戶提出的問題，可以這樣對客戶說：「一聽就知道您是這方面的專家，針對您提出的意見，我們一定會給予足夠的重視。但是，不知道您有沒有注意到，我們在另一方面……」先肯定客戶的意見，對客戶表示感謝，再想辦法把客戶的注意力轉移到產品的其他優勢上，引導客戶購買。

4. 不以簽單論英雄，才能越挫越勇

有人說，業務是一種以結果論英雄的遊戲，業務就是要成交。此話有一定的道理。但是，在成交以前，業務要擁有「不以簽單論英雄」的積極心態，這樣才能越挫越勇，為你以後的成交客戶打下堅實的基礎。

曾國藩曾經說過，成功的首要條件，有越挫越勇的高情商。前面我們也講過，情商高所具備的素養之一，就是要有要堅強的意志力。

20 世紀最偉大的業務大師之一、美國人壽保險創始人、著名演講家弗蘭克‧貝特格，就是一位越挫越勇的業務員。

弗蘭克‧貝特格最初踏入保險業，沒有任何經驗，單憑著一腔激情和執著的精神。

弗蘭克‧貝特格出身貧苦家庭。為了生計，他在 14 歲時就輟學幫一名蒸汽管道工做助手。18 歲正式成為一名職業棒球選手。20 歲那年，他在與伊利諾伊州芝加哥小熊隊比賽時，不幸導致肩膀和胳臂之間脫臼。這次事故嚴重影響了他在職業棒球道路上的發展，他忍痛放棄了熱愛的棒球生涯。

貝特格在度過一段鬱悶消沉的時光後，他應徵到一家人壽保險公司做了一名人壽保險業務員。可以說，在剛做壽險推銷的 10 個月是他生命中最暗黑暗最漫長的時光，可以說，沒有

任何業務經驗的他，每次外出推銷都無一例外地空手而返。

在這沒有任何收入的 10 個月，貝特格殘存的最後一點自信被殘酷的現實吞噬殆盡。他覺得自己再也堅持不下去了，於是，貝特格每天的首要任務就是買來大量應徵類報紙翻找應徵資訊。看到一則應徵船員的啟示，他欣喜若狂，覺得去應徵時，他意識到自己無論做什麼工作，內心都被一種莫名其妙的、複雜的情緒籠罩著，感覺到沒有一點奮鬥的信心。

沒有激情，從事哪個行業都提不起精神來。左思右想後，他下定決心去聽了一場戴爾・卡內基先生所主持的演講，此次聽講給了他信心，讓他下定決心要改變自己的生活。於是，他繼續留在了保險業。

他要把以前用於打棒球的激情，重新注入自己的推銷事業上去，這個決定成為他生命的轉折點。

重新振作起來的貝特格不再急於簽單，而是積極地面對推銷過程中遇到的一次又一次的失敗，在每次失敗後，他非但沒有沉淪下去，反而是越挫越勇。每天都以飽滿的熱情面對客戶。

有一次，他在向客戶推銷時，客戶面無表情，但他仍然熱情地解說，讓對方感受到他的激情與積極。在講到關鍵的話題時，他激動地用拳頭敲打桌子，開始他以為客戶會大吃一驚並責怪他時，沒料到客戶看了他後，並沒有說什麼。貝特格抓住

進一步面談的機會繼續發言，客戶正襟危坐、睜大眼睛地聽著他說話。在此期間，客戶除了禮貌地提問題外，從不打斷他的話。

經過一番耐心地解說，對方終於買下了他的保險。這位客戶就是艾爾·愛默生——費城的一名糧食經銷商，後來，他還成為貝特格的摯友。

有了第一單的成功，貝特格信心大增，狀態最好時，他曾創下 15 分鐘簽下 25 萬美元保單的最短簽單紀錄，開創出人壽保險業的一片新天地，成為世人矚目的驕子。

就這樣，他在 29 歲時還是一個失敗保險業務員，但 40 歲時就已成為美國收入最高的業務員了。

貝特格的成功源於他不畏懼遭拒絕的心態，或者說，最開始的時候，他是畏懼困難的，後來則越挫越勇。

「世上無難事，只要肯登攀。」作為業務員，每天遭到客戶的拒絕可以說是家常便飯，每當遭到拒絕時，有的業務員愁眉不展，有的唉聲嘆氣，有的不知所措，有的苦苦尋找對策，有的善於接力，有的過關斬將越挫越勇——面對挫折，每個業務員應對的方式不一樣，收穫自然也不一樣。

那些越挫越勇的業務員，他們就像一位英勇的鬥士，用其樂觀的態度感染客戶，打動客戶，最終讓客戶心甘情願地與他們合作。

不以簽單論英雄，在拒絕中屢戰屢勇的人，是出色的業務員共同的特質。

我的助理趙永剛，做業務第二個月就成功簽單，他的竅門就是勤於檢討。比如，他在遭到客戶拒絕時，會在第一時間反省自己，同時，他每個月都會給自己下達任務，這樣工作就有了更清晰的方向和強勁的動力。

入職一個月時，他屢次遭到客戶的冷臉，眼看著其他同事都在簽單，他心裡很著急，但因為有目標，他能做到急中不慌。

他分析了自己手上的客戶，發現客戶意向級別都不高，沒有準客戶，想要完成自己的目標，只有把希望寄託在開發新客戶和保有客戶介紹上，所以他每天都時時提醒自己：「我不能氣餒，客戶的拒絕說明我工作做得不到位，我必須繼續努力，等我足夠強大，客戶自然會被我說服！」

就是這樣的一種心理暗示，激勵著他要更加努力。在第二個月下旬，他接待的每一批客戶都要比之前更認真、更投入。當時正是夏天，在接近40度的高溫下，他帶著客戶去看產品，主動邀請客戶參加公司的產品發表會，只為了給客戶更好的體驗，就是這樣用積極的心態，努力付出，他在月底成功簽了兩個大單，也讓很多客戶成為未來的準客戶，達到了自己的預期目標，這種喜悅與榮耀是用金錢無法衡量的。

一個人要成功，心態發揮決定性作用。俗話說：「良好的心態，是成功的一半。」只有具備良好的心態，你才能屢敗屢戰。業務員是勇敢者的職業，每天要面對各式各樣的顧客，失敗的情形經常會有，你一定要內修心態、外練技能，做到勇於面對拒絕、戰勝拒絕。並讓自己與拒絕為友。

　　優秀的業務人員與普通業務人員不同的是不斷地自我激勵，不斷地對自己說「我相信自己一定能成功！」只有積極努力地去爭取所有能夠讓自己遠離拒絕的機會，你才能不斷累積成功經驗，成為戰勝拒絕的有效武器，從而成就自己輝煌的業務歷程！

5. 時刻保持微笑，讓客戶願意親近你

　　微笑創造人際關係的和諧和快樂，建立人與人之間的好感。

　　愛笑的人，運氣不會太差。此話是有一定的科學道理的，因為絕大多數人都喜歡與熱情、開朗、愛笑的人打交道、交朋友。熱情可以讓人愉悅，開朗讓人容易引起話題，笑容，會使人產生信賴感，有了這三樣自然就拉近了與陌生人之間的距離。一個業務員要想擁有更多的客戶，就必須時刻保持真誠的微笑，這樣客戶才願意親近你。

世界 500 強企業沃爾瑪，要求員工們對顧客要始終保持微笑，甚至於把細節量化到「微笑服務時要露八顆牙」。

　　在沃爾瑪，營業員在距離顧客三公尺之外就會報以親切的微笑，如果沒有微笑，顧客便可以拿走營業員胸前的三塊錢，微笑是無形資產、微笑是點睛之筆、微笑是最真最純的展現，無可厚非。

　　沃爾瑪在對顧客的「服務」上遵從三項基本原則。一是尊重個人原則：尊重和服務每一個顧客，並努力做到最好；二是三公尺法則：當顧客距離任何一名員工三公尺以內時，該員工一定要主動問候；三是夕陽西下原則：任何顧客或員工提出的要求都必須在夕陽西下前獲得回饋。

　　山姆‧沃爾頓說過，要做零售，就要讓自己看到每一件商品進出的財務記錄和分析數據。所以，沃爾瑪利用通訊衛星服務每一個客戶，並對每一個商業數據進行認真記錄、分析。在全球 4000 多家分店內沃爾瑪都安裝了衛星接受器，消費者在任何一家店內交易時，客戶的年齡、住址、郵編、購物品牌、數量、規格、消費總額等數據都記錄在案，並送到企業資訊動態分析系統。沃爾瑪的配送中心管理、商品管理、財務管理、客戶管理、員工服務組成了其資訊網路系統。

　　更加嚴格的是，沃爾瑪非常注重公司內部的每一「細節」，極力降低經營成本，以更大的優惠回報顧客。例如，當沃爾瑪

的員工想喝咖啡時，必須自覺地在旁邊的儲蓄罐裡放進 10 美分。這就是沃爾瑪的管理。

沃爾瑪能夠成為百年企業，與其打造優秀的業務員有很大的關係。去過沃爾瑪的人都知道，沃爾瑪的業務帶給人的感覺就是親切熱情，特別是那禮貌真誠的微笑，帶給人一種信任和購物的欲望，覺得他們的商品和人一樣值得信任。

作為業務員，當你微笑著迎接客戶時，即使無心買你產品的客戶，也會禮貌地拒絕的；碰到有購買意向的客戶，就會認真跟你溝通，這時你會清晰地看到微笑的價值。所以，不論是你與客戶是初次見面，還是買賣達成，或是已被客戶拒絕，都應該保持微笑，給客戶一個輕鬆的氛圍。

美國著名成功學家戴爾·卡內基說：「笑容能照亮所有看到它的人，它像穿過烏雲的太陽，帶給人們溫暖。」在日常生活中，笑容時常可以見到，各式各樣的笑你都見過，但微笑是世界上最美的行動語言，雖然無聲，但最能打動人，它能瞬間拉近人與人之間的心理距離。

古人說的和氣生財。就是說，如果一個人有了一個陽光燦爛的心境，定然會給你帶來良好的人脈，有了人脈、人氣，自然也就有了財氣。假如你對客戶不能積極應對，而是橫眉冷對，客戶只能是遠遠地躲開你。

業務是服務行業。服務細節決定著行銷成敗。如果把所有

的服務細節比作是一條龍，那麼，微笑就是這條龍的眼睛！畫龍重在點睛。只有一條龍的服務，才能感動客戶，留住客戶，最終創造自己的最佳行銷成果。

微笑服務是服務員為客人提供的一種主動，熱情服務，應當貫穿在對客的服務中，在為賓客服務的細小情節中表現出來。

俗話說：距離產生美感。我們也需要把握好這個度，導購員應把握好服務中「冷」和「熱」的尺度，做到熱中有冷又不失彬彬有禮，以專注做事為理由，技巧性地與客人少談或不談，必要時暫時離開以避免不必要的麻煩和衝突，給客人一個私人空間。

微笑服務的同時還要注意保持適當的「距離」，這是從業人員在服務中要遵循的原則。一切視客人的需要服務，一招手，一開口，馬上到位，做到親切自然，落落大方，這樣才會給客人如沐春風的感覺。

笑容，是最能表現人的內心活動的一種表情。不同的笑表達著不同的心態和感情，傳遞著不同的資訊。使我們與客戶之間彼此縮短心理距離，並能創造出交流和溝通的良好氛圍的笑，莫過於親切、溫馨的微笑。微笑是我們呈現給客戶的最美的表情。

微笑是內心愉快、真誠的外露，是善良、友好、喜歡、讚美的象徵。它和眼神一樣是一種無聲的語言，在與客戶交往中

造成「潤滑劑」的作用。一個適度的微笑，親切的眼神，再配以優雅的舉止，對於表達自己的主張，爭取客戶的合作，會造成積極的作用。所以，要想讓微笑達到你需要的效果，需要做到以下四點：

▌ 第一點：微笑要發自內心

輕鬆友善的，要自然、美好。虛假造作的微笑只能令人反感。比如，在一些商場或是專賣店，有的業務在顧客消費時就百般微笑，如果顧客只是看看就會立即拉下臉來，這種微笑是虛偽的表現。另外，笑容要與所處環境相協調，該微笑的時候心情不好也要笑。每天上班前要調整好自己的情緒，把煩惱、不快留在家裡，把歡樂、愉快留給顧客。

你的微笑所展現出的親和力會讓客戶在不知不覺中產生購買行為，可以想像，如果顧客帶著錢去挑選時，面對業務那張苦瓜臉，自然就沒有了購買的欲望。所以，你的微笑要發自內心的笑，自然、不做作，才會讓客戶感到親切、得體。不要為了笑而笑，那樣只會適得其反。

▌ 第二點：微笑要帶有溫暖

帶有溫度的微笑是真誠的。客戶不傻，你的微笑真誠不真誠，是很容易辨別的。不要小看了一個人的直覺，真誠與否，客戶是感覺得到的。真誠的微笑帶給人溫暖，容易引起共鳴，消除客戶的戒心。

▌第三點：微笑要分不同的場合

要記住，微笑並不適宜各種場合。如果場合不對，會讓人心生不滿。比如說，你與客戶談論的是一個十分嚴肅的話題，此時，微笑就不合時宜。再比如說，你的談話讓客戶有些不高興，此時也不應微笑。可見，微笑是要分場合的。

▌第四點：微笑要把握好分寸

微笑主要傳達的是一種禮儀與尊重，雖然說要保持微笑，但也並非時時微笑。微笑要運用得恰到好處。當客戶看向你時，你應直視並點頭微笑；當客戶在談論自己的意見時，你一邊認真傾聽一邊不時微笑。如果程度沒有把握好，過於放肆，沒有節制，那樣就會引起客戶反感情緒。

6. 不急於求成，找到建立自信心的方法

在拜訪客戶時，很多業務員都會在客戶門前猶豫再三不敢敲門，好不容易鼓起勇氣進了門，又緊張得把想好的話忘記了。結果被客戶三言兩語就打發出來。還有的業務員不敢打電話給客戶，就是打了電話，說話又快又不清楚，客戶一拒絕就幾天不敢再打電話。時間一長就懷疑自己是不是不適合做業務。

其實，在客戶面前沒有自信，不僅僅局限於初入業務行業

的業務員，一些優秀的業務員也有過類似的經歷，只不過他們知道建立自己的自信心。

鄭純良是一個失業青年，有半年時間找不到工作。後來，一位朋友介紹他到一家私人企業做業務員。

他去應徵時，老闆看他緊張地連話都不敢說，就想三言兩語地打發他離開。他一急之下，說自己身上的錢花光了，連飯都沒有吃了，如果他得不到這份工作就露宿街頭了。老闆一聽，心軟了，就留下了他，但沒有讓他做業務，而是讓他發發宣傳單。

半個月後，他就找到老闆談話，說想做業務員。老闆對他說：「你做不了，你看你連話都不敢說。我讓你發傳單，起碼底薪不算低。如果做業務，只是獎金高啊，你做不好，一個月又白做了。」但他的態度很堅決。老闆只得讓他試試。

沒想到，第一月他業務業績在二十多個業務員中業績最好。老闆經過了解才知道，他在發傳單的時候，因為經常跟著老業務員去談業務，得到了鍛鍊，膽子變大了。加上他善於檢討，他檢討的經驗，就是要對自己有信心，對自己所業務的產品有信心。人一旦有了信心，在客戶面前就不會急於求成，談吐也比較自然，深受客戶歡迎。所以，他在跟客戶溝通時是輕車熟路。

自信是成功的基礎。一個想要獲得成功的人必須對自己

有信心，同樣，一名業務人員想在取得好業績，就必須具有自信。

　　擁有自信對於業務是非常重要的，作為業務人員，只有充滿自信地應對顧客，使顧客透過你自信的表現對你產生信服，這樣更加有利於業務。因為我們業務的任何一款產品都不是完美的，如果顧客抓住了產品的缺點，對你採取語言攻擊，這時你若不自信，就會亂了陣腳，導致自己不能和顧客好好溝通。但如果有時候顧客是試探性的「攻擊」呢，你的挫敗感對自己是有害無利的。所以業務人員一定要時刻保持自信；

　　記得我第一次跟客戶談業務時，用了兩個多小時才把產品的功能、型號背的滾瓜爛熟，在頭腦裡反覆想著如何開頭，如何在最短的時間內把產品介紹清楚，由於我己做好了充分的準備，自信心也大增。所以見到客戶後，心裡一點不緊張，很順利就談好了業務。

　　俗話說，藝高膽大。做業務必須具有較強的專業知識，當你跟客戶談時，才會胸有成竹。如果你沒有自信心時，不要急於去見客戶或打電話，而是要靜下心來熟悉產品，想好要和客戶談什麼？怎麼談？當你自己可以回答這些問題後，再開始拜訪客戶或打電話。

　　有的業務員不能聽客戶的反面意見，一聽到客戶說產品不好價格太高，他就懷疑自己做錯了產品，就會向經理反映，是

不是降低產品價格等等，這些都反映出業務員不自信。所以，為了提高業務員的自信心，做好業務工作，一定要培養自己的自信心。

方法1：正確認識自己並相信自己

要相信自己，在工作中認真體會自己取得的成就，讓自己有自信心。當然，一定要注意，自信不等於自傲，人如果一自傲，就會看不清自己，從而陷入驕傲自滿中，不思進取。

方法2：對自己從事的職業有信心

對自己的職業有心。要做業務一定要對這個行業有一個正確的認識，有一個理性的看法，更要充滿信心。這樣才能使自己的精神狀態始終保持良好，以更好的心態去應對工作中的每一個問題。

方法3：相信自己所在的公司

公司是我們強大的後盾和精神支柱，你要足夠相信自己的公司。要對自己的公司有信心，相信在自己和同事的努力下，公司會發展得越來越好。

方法4：對自己業務的產品有信心

對業務的產品有信心。在業務中，你要相信的自己產品即便不是最好的，但一定是品質有保證的。因為如果你對產品沒

有信心，你肯定在業務過程中，就不會充滿信心。在業務的過程中，一定要少用絕對詞比如：最好，獨一無二，絕對沒問題，等等比較主觀的用語。當你的客戶貶低你的產品時，你就會有一個正確的心態。但不要使用用絕對詞，你的客戶就不會抓住你的把柄，來羞辱你。所以，對自己的產品信任很重要，是你業務信心的保證。總之，一定要相信自己賣的產品是同類中最好的，值得客戶擁有。

▌方法 5：見客戶前做好充分的準備

充分的準備是自信的基礎。自信的產生不適毫無理由的，是建立在充分的準備上的，在面對客戶業務以前，你應該做好充分的準備。所謂準備，包括充實自己的專業知識，訓練自己的口才等。

▌方法 6：擁有平等互利的心態

心態要不卑不亢，平等互利。語氣要熱情大方。在業務過程中，語言一定不要拖泥帶水，要簡潔明瞭。比如：某某經理，您好！我是某某公司的業務員小張，我們公司的產品是什麼什麼，就合作事宜和你洽談。我要求公司的每一個業務員在業務開始時，都說同樣的話。這就是標準化。在談業務時，如果你有平等互利的心態，就是被拒絕，也不會很傷心。因為對方也失去了一次好的合作機會。

▌ 方法 7：在失敗中冷靜分析自己

面對失敗，要尋找原因。即使是成功的業務人員，也不可能每次都把產品賣出去。他總會有失敗的時候，面對這種失敗，不必灰心喪氣、一蹶不振，重要的是要冷靜地分析自己錯在哪裡，為什麼錯了，找到失敗的原因，下次不要再犯。時間一長，就會慢慢建立起一種自信心態。

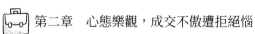

第三章
溝通有道，營造吸引客戶的談話氛圍

1. 讓客戶感覺良好的第一印象

心理學家研究顯示：在人際交往過程中，第一時間留下的印象非常重要，與一個人初次會面，45 秒鐘內就能產生第一印象。這一最先的印象對他人的社會知覺產生較強的影響，並且在對方的頭腦中形成並占據著主導地位。的確，在生活中，我們每個人不知不覺都會對「第一」有特殊的感情，並會對「第一」情有獨鍾。

因為人與人第一次交往中給人留下的印象，在對方的頭腦中形成並占據著主導地位，這種效應即為第一印象效應。對業務員而言，很多時候在一個不經意的瞬間，也許客戶的心裡就有了對業務員的第一印象判斷。如果業務員給客戶留下了不好的第一印象，那麼後續的交流是非常難以去進行的。

顧永強是一家房地產公司的業務員，一向不注重外表的他在穿著上很隨便，他的同事都是西裝革履，而他經常是穿著同一件 T 恤就去上班。為此，主管多次向他提建議：「你長得挺帥的，我們的工作經常見客戶，你為什麼不穿西裝？讓客戶看了也覺得舒服。」顧永強不以為然地說：「我覺得做我們這行注重的是能力，要能說會道，這跟穿什麼衣服沒甚麼關係。」

主管聽了，無奈地搖搖頭。

有一次週末，顧永強和一位同事加班，要接待幾位有意向

的客戶。跟他一起接待的同事問：「你還是換件衣服吧，我們今天要見的是陌生的客戶，你這樣會讓客戶不習慣的。」

顧永強笑道：「客戶如果需要買房子，他的關注點就在詢問房子上，跟我這穿著可沒有關係；如果客戶不需要，我穿得再帥，客戶也不會買呀，我又不是房子，他看上的又不是我！」

同事看到顧永強很固執，只好說：「那我們分工吧，一共六位客戶，你上午接待三位客戶，我下午接待下午來的三位客戶。」

顧永強痛快地答應了。

第二天上午，顧永強還是很往常一樣，穿著掉色的體恤，頭髮也沒整理。約定的時間到了，客戶來了，客戶看到顧永強後，等顧永強開口介紹完，就說自己再考慮考慮，然後轉身離開。這個結果是顧永強料到的，倒也無所謂，但接下來的兩位客戶，其中一個客戶只聽他說了一句話，就婉言謝絕了，這讓顧永強感到現在的客戶越來越難纏了。

臨近中午，顧永強等來了自己最後一位客戶，然而，這個更不可靠，不等顧永強說話，就直接說不買，只是帶孩子來這裡逛著玩的。顧永強看對方是一位中年女性，還帶著一個十五六歲的女孩，心裡覺得奇怪，這裡這麼偏僻，有什麼好逛的。

中午，顧永強到公司附近的小餐廳吃飯時，無意中聽到鄰桌一女的打電話：「老公，你可別提看什麼房了，今天我和孩子見到的那個賣房的男生，天呀，我一看就不是什麼好人，大週末的，難不成是這騙子在冒充吧。咱還是到別的房地產看看吧。你別不信，等回家問問我們家女兒吧。」

顧永強聽著聲音熟悉，回頭一看，發現正是他上午接待的最後一位客戶。他感到臉上火辣辣的，自尊心受到了嚴重傷害。

下午下班時跟同事碰頭，同事喜滋滋地告訴他：「我下午接待的三位客戶，一個交了定金，另外兩個把我推薦的房地產資料帶回家了，下週答覆我。」

顧永強一驚，此時他才重視起自己的儀容。回到家後，他第一次有意識地照了鏡子，第一次認真地看到了鏡子中那個邋遢的自己……耳邊又想起中午女客戶的話，他決定改變自己的形象。從那以後，他和同事們一樣穿西裝、打領帶，每天精神抖擻地出現在客戶面前。

一段時間以後，乾淨、俐落、專業的顧永強，成功地簽了好幾個客戶。

從事業務這一行業，要想給客戶留下良好的第一印象，一定要注意自己的形象，因為客戶對你的印象好壞，直接決定了你們之間是否有可能做成生意，只有被人認可的形象才能令人

產生較多的好感和信任感。因為在客戶的心理，你的基本形象就是名片，他們沒有興趣對你深入的了解，所以，容易以貌取人。一旦你形象差強人意，就會造成一些可能存在的誤會，但業務員卻已經是沒有任何辯解的餘地了。

有經驗的業務員與客戶初次見面的時候，都比較注意在客戶心中的形象，即便是無法讓對方對你有一個完美的評價，起碼不能是負面的。

負面的印象會讓業務員在與客戶的交流中，對方始終會用帶有偏見的眼神看你，尤其是一些主觀性的客戶，當他們對你印象不好的時候，那麼你說的一切他們都是厭煩的。

由此看來，在業務活動中，業務人員給顧客留下的第一印象非常重要。可以說，它是接洽的開始，在相當程度上影響著客戶以後對你的看法及信任程度，也決定著交易能否成功。

業務人員應該記住這樣一句話「形象就是名片」。心理學中有一種心效應叫做「首因效應」，即第一次交往中給人留下的印象在對方的頭腦中形成並占據著主導地位，也就是我們常常說的「第一印象」最重要。第一次見面給對方的印象會根深蒂固地留在對方的腦海裡，如果你穿著得體，舉止優雅，言語禮貌，對方就會心生好感，認為你是個有修養、懂禮儀的人，從而願意和你交往；如果你服飾怪異、態度傲慢、言語粗俗，對方就會認為你是個沒有修養、不求上進的傢伙，從而心生厭

惡，不願意和你接觸，即使你下次改正了，也難以重獲對方的好感，這就是首因效應的作用。

除此以外，業務員在跟客戶見面時，還要注意在細節上下功夫：

業務員宋文勇濃眉大眼，外形魁梧，身高有 180，是標準的帥哥，加上他談吐優雅，深得客戶的喜愛。但是在第一次拜見客戶時，卻讓他吃了一個閉門羹。

當時，宋文勇見的客戶身高只有 160 左右。見面時兩人的距離又很近，儘管宋文勇盡全力介紹自己的產品，試圖轉移客戶的視線，喚起客戶的興趣，但是客戶的面部表情卻很難看，甚至不自覺地向後退。最終，客戶沒等他講完就把他請了出去。

宋文勇感到不解，就向主管詢問其中的緣由。主管聽他了解了當時的情況以後，說道：「你感覺你的身高是優勢嗎？在和客戶談判的時候，你的身高讓客戶感覺很壓抑，所以他根本沒心思聽你說話。我猜他當時恨不得馬上離開你。記住，以後與客戶談生意時，你要考慮到身高差距這一細節，掌握好談話的適當距離。」

業務是一門高深的學問，展現的是業務員的綜合素養。常言說，細節決定成敗，業務員在跟客戶初次見面時，一定要把各種細節做到位。

因為業務員留給客戶的第一印象，不只是包括相貌、服裝等個人印象，還可能是業務人員給客戶的數據，也可能是電話中業務人員的聲音和語氣。所以，無論以哪種形式與客戶接觸，業務人員都要打起百分之百的精神，努力讓客戶「喜歡或信任」你。

　　由於注重合作的客戶認為，業務人員的形象往往代表了其所屬公司的產品服務品質和合作態度，這才讓他們十分在意第一次見面時業務人員的談吐、衣著、氣質等。所以，業務員要想在初見面給客戶留下好印象，就要做到以下幾點：

▌第一點：得體的衣著打扮

　　客戶和我們第一次見面，並不了解我們，所以，他們首先接觸到的資訊，就是我們的外表，而印象最深刻的是最初的 30 秒。所以我們要為這精彩的 30 秒去做充分的準備。我們的衣著要得體大方，我們的頭髮要洗的乾淨，我們的皮鞋要擦得很亮很亮。

　　需要提醒的是，得體的衣著是指服飾整潔得體，穿著與自己、業務的產品和公司的形象相符。一般來說，與客戶面談時，男士著深色的正裝是合適的，而女士著職業套裝是恰當的。

▌第二點：親切自然的面部表情

在第一次與客戶面談時，如果業務人員的做法很客套，過於客氣，反而會造成緊張氣氛，而緊張的氣氛往往無助於業務的達成，親切自然的面部表情需要配合有溫度的微笑，這樣可以讓客戶對你一見如故，能有效地緩解氣氛。謹記微笑時要大方得體、不做作，更不能用手捂嘴大笑。而是在需要笑時親切地笑，一定要配合自己講的話，力求達到親切、自然。

▌第三點：恰如其分的身體語言

一位心理學家曾指出：無聲語言顯示的意義要比有聲語言多的多，而且深刻。他還列出了公式＝資訊的傳遞：7% 言語＋語音 38%+55% 表情。所以，我們要練習好微笑，我們要充滿熱情，我們的握手要有恰當的力度等等，都能迅速傳遞我們的友好和真誠。

在客戶心中建立良好的印象，身體語言很重要。身體語言包括握手、目光接觸、微笑、交換名片等等。比如，合適的握手姿勢應是伸出一隻手掌，力度要適中；與客戶面談時，目光不要到處遊離，閃爍不定。

▌第四點：拜訪前做好必要的準備工作

拜訪重要客戶之前，一定要對客戶資料做充分的資訊收集，越多越好，如果你連客戶最基本的資訊，比如：年齡，性

別，愛好，性格等一無所知，我想你第一次拜訪一定是不成功的。其次，我們要把事先給客戶的印象設計出來，你希望在客戶心中留下什麼印象？你希望客戶如何評價你？我們在潛意識中要不斷的訓練，盡量讓自己成為在客戶心中應該出現的那種美好印象。直到我們把這種美好印象變成現實。

‖ 第五點：掌握好遞送名片的禮節

面帶微笑，注視對方，展示出自己的自信。將名片的正面對著對方。這是要站在對方的角度看的，不要遞送名片時，名片的正面的正方向是對著自己的，這是個不禮貌的行為。遞送時應該要說一些客氣話。商業禮節上都存在相互恭維的習慣，這個在遞送名片時也很重要。

‖ 第六點：熱情地尊稱對方

在交談過程中要真誠的讚美對方，每個人都喜歡聽好聽話，這是人性的特點。讚美要真誠，不可虛情假意。同時，談話中要熱情的多次的稱呼對方，比如：馬院長，楊教授，張經理等等，這樣顯得你非常敬重對方，更能拉近雙方距離。

‖ 第七點：選擇合適的時間觀念拜訪

如果是預約拜訪，那一定不能遲到；其次我們要選擇合適的時間拜訪，如果在客戶很忙的時候拜訪的話，效果會大打折扣。再者，就算是我們和客戶一見如故，談的很投機，我們也

不能談的太久，最好控制在 20 分鐘內，要在我們談的最開心的時候離開，給下一次拜訪創造機會。

總之，第一次與客戶見面的時候，一切不能是裝出來的，而要由心而發，把你的內在美全部展示出來。當你意識到，推銷的成功在相當程度上取決於顧客對你的第一印象時，你便可能設計出最佳形象。

2. 把客戶的名字刻在心裡

在任何語言環境中，對任何一個人而言，最動聽、最重要的字眼就是他的名字。戴爾・卡內基說：「一種最簡單但又最重要的獲取別人好感的方法，就是牢記他或她的名字。」在業務中也是這樣。誰都喜歡被別人叫出自己的名字，所以不管客戶是什麼樣的身分，與你關係如何，你都要努力將他們的容貌與名字牢牢記住，這會使你的推銷暢通無阻。

我們社區周邊有很多便利店，但我發現，這麼多便利店中，只有一家顧客盈門、生意很興隆，其他幾家便利店輪流著關門，不斷地更換著新店主。

我覺得很奇怪。

有一天晚上，我去買電池，接連問了幾家，都說沒有。然後就去了那家生意好的小店。店主人是一位中年人，他店中恰

好也沒有了,就問了我的名字,讓我第二天一早來買電池,說是不耽誤我做早飯。

恰好我第二天要出差一週,出差回家時正好是下午,我路過雜貨店時,店老闆就喊出了我的名字,讓我去拿電池。我很驚喜,問他:「你記性真好,這麼長時間了還記得我的名字。」

他笑著告訴我,凡是去他店裡購物的顧客,不管買或不買東西,他都會跟大家閒聊,從而知道了顧客的姓名,等顧客再次到他店裡購物時,他總是熱情地叫著他們的名字,或聊聊天、拉拉家常,就像朋友一樣,把彼此的距離拉得很近很近。

聽他說話,我感到特別親切,像久別的朋友一般,讓我旅途的疲憊煙消雲散。以後我每次路過小店,總喜歡去裡面轉轉,買些日用品,順帶跟他說說話,

此時我終於明白了他生意好的祕訣,他只是記住了每個光顧小店的顧客的姓名而已。

馬斯洛的需要層次理論認為,人們最高的需求是得到社會的尊重。當自己的名字為他人所知曉就是對這種需求的一種很好的滿足。每個人關心的都是自己,每個人都希望被別人重視。客戶也為例外,也希望自己被重視起來,如果業務人員能夠在短時間內記住自己服務的客戶名字,讓客戶對企業有個好印象,從而促進成功簽單。

對不同的工作人員重複自己的名字,和每個工作人員都能

準確地稱呼自己的名字，這兩種情況的客戶體驗是有天壤之別的。記住客戶的名字，並能輕易叫出，就對客戶有了巧妙且有效的恭維，客戶也會產生一種被他人重視的極度滿足感。被滿足的客戶不僅會願意買企業的產品或服務，而且願意重複性地購買，甚至主動向身邊的親人、朋友、同事等等傳播企業的產品或服務。而要達成這樣的效果，只需要用一種最簡單的方法：記住客戶的名字，並親切地稱撥出來！

　　讓每個工作人員記住客戶姓名不是一件容易的事兒，但是我們可以藉助管理客戶關係的好工具 —— 客戶關係管理系統來實現。因為 CRM 系統可以幫助企業管理跟進客戶的整個業務流程，提高客戶的滿意度，這樣不管與客戶打交道的是哪個部門，都能用最快的速度了解到客戶的詳細資訊，不僅可以讓員工輕輕鬆鬆記住客戶的姓名，還能了解跟進過程中出現的問題，用更個性化的服務打動客戶，促進成功業務。如果你一開始就叫錯了客戶的名字，那接下來勢必無法談下去。

　　一位業務員急匆匆地走進一家公司，找到經理室敲門後進屋。「您好，羅傑先生，我叫約翰，是公司的業務員。」

　　「約翰先生，你找錯人了吧。我是史密斯，不是羅傑！」

　　「噢，真對不起，我可能記錯了。我想向您介紹一下我們公司新推出的彩色印表機。」

　　「我們現在還用不著彩色印表機。」

「是這樣。不過,我們有別的型號的印表機。這是產品資料。」約翰將印刷品放在桌上,「這些請您看一下,有關介紹很詳細的。」

「抱歉,我對這些不感興趣。」史密斯說完,雙手一攤,示意走人。

準確地記住客戶的名字在推銷中具有至關重要的作用,甚至這種推銷技巧已經被人們叫做記名推銷法則。美國最傑出的業務員喬‧吉拉德就能夠準確無誤地叫出每一位顧客的名字。即使是一位五年沒有見過的顧客,但只要踏進喬‧吉拉德的門檻,他就會讓你覺得你們是昨天才分手,並且他還非常掛念你。他這樣做會讓這個人感覺自己很重要,覺得自己很了不起。如果你能讓某人覺得自己了不起,他就會滿足你的所有需求。

記住別人的名字是非常重要的事,忘記別人的名字簡直是不能容忍的無禮。因為能夠熱情地叫出對方的名字,從某種程度上表現了對他的重視和尊重,而好感就由此產生。

如果你還沒有學會這一點,那麼從現在開始,留心記住別人的名字和麵孔,用眼睛認真看,用心去記,不要胡思亂想。

要牢記客戶的名字,準確稱呼客戶,可參考下面四個方法。

▍方法1：用心聽記

把準確記住客戶的姓名和職務當成一件非常重要的事，每當認識新客戶時，一方面要用心注意聽；一方面牢牢記住。若聽不清對方的大名，可以再問一次：「您能再重複一遍嗎？」如果還不確定，那就再來一遍：「不好意思，您能告訴我如何拼寫嗎？」切記！每一個人對自己名字的重視程度絕對超出你的想像，客戶更是如此！記錯了客戶名字和職務的業務員，很少能獲得客戶的好感。

▍方法2：不斷重複，加強記憶

在很多情況下，當客戶告訴你他的名字後，不超過10分鐘就被忘掉了。這個時候，如果能多重複幾遍，才會記得更牢。因此，在與客戶初次談話中，應多叫幾次對方的稱呼。如果對方的姓名或職務少見或奇特，不妨請教其寫法與取名的原委，這樣更能加深印象。

▍方法3：用筆輔助記憶

在取得客戶的名片之後，必須把他的特徵、愛好、專長、生日等寫在名片背後，以幫助記憶。若能配合照片另製資料卡則更好。不要一味依賴自己的記憶力，萬一出錯，則得不償失。

▎方法4：運用有趣的聯想

對於客戶的稱呼，如果能利用其特徵、個性以及名字的諧音產生聯想，也是一個幫助記憶的好方法。

3. 說話用心，讓客戶感覺到你的熱情

相信我們很多人都有過這種遭遇，當你興高采烈地去一個店裡買東西時，一進門看到業務員拉著一張臉看你，你的心情一定會一落千丈，別說買東西了，連話也不想跟對方說就離開了。所以，不管你是一個商場、超市的業務員，還是對固定客戶服務的業務人員，或是四處奔波的業務員，你要想獲得客戶的好感，就必須保持熱情，熱情才是你創造交易的關鍵心態！

心理學研究顯示，熱情產生動力，動力決定一件事的結果。在業務過程中，特別是在跟客戶講話的時候，絕對要熱情，這也是成功的基本要素之一。熱情最能夠感化他人的心靈，會使人感到親切和自然，能夠縮短你和顧客之間的距離。

如果缺乏熱情，你的工作就會像縮水的蔬菜一樣，毫無生氣和新鮮可言。這個世界上沒有誰能夠拒絕一個熱情的人。熱情是世界上最具感染力的一種感情。據有關部門研究，產品知識在成功業務的案例中只占5%，而熱情的態度去能站到95%。自己滿懷熱情，才能更好地完成任務。

讓客戶感受到你熱情的最有效的途徑就是：說話時要用心。

梅涵是超市化妝品專賣櫃的櫃姐，她平時對每位顧客都非常熱情。她的熱情表現在跟客戶溝通時見機行事，不管什麼性格的客戶，她都會用她的熱情的問話，讓客戶感受到溫暖。

一天上午，一位年輕漂亮的女孩氣沖沖地來到櫃檯前，盯著護膚品看。梅涵習慣性地問好：「您好，您想買哪個牌子的護膚品？」

「我就是想看看，不可以嗎？」女孩冷冰冰地說完，就直接朝前走去。梅涵非但不生氣，反而為女孩著想：「看這個女孩一臉心事，想必是生活中遇到了糟心的事情。女孩不快樂就逛街，我看她心中的氣還沒消，不如熱情些，讓她消消氣。」

梅涵想到這裡，就跟過去，看到女孩在低頭看一瓶保溼水，就親切地說：「這是公司升級版的保溼嫩白柔膚水，買過的顧客都說不錯，不過我看您皮膚很好，這款雖然不錯，也不能貿然使用，我可以幫您在手背上試試。」

或許是女孩被梅涵的熱情打動了，她不好意思地說道：「您真好，我今天跟男朋友鬧脾氣了，就想出來散散心，順便花點錢隨便買點東西氣氣他。可是剛才他發訊息給我，我才發現自己誤會了他。可又不想向他道歉。」

「小姐，兩個人在一起要珍惜。不過，我們不向他道歉。」梅涵說著帶她來到男士專賣櫃，「來，給他買件禮物，告訴您，

您今天算是來對了，這裡的商品都打八折了。您看看有沒有實用的，幫男朋友買一款。不過，盡量不要買太貴的，大老爺們的臉，擦點不乾就可以了。」

女孩一聽撲哧笑了，她說：「好，您說得對，麻煩您幫我挑一款吧。」

最後的結果是，女孩拿著梅涵幫她挑選的護膚品，高興地向梅涵告別。

有人說，沒有熱情就沒有業務。作為業務員，一定不要吝嗇對顧客的熱情，因為任何人都不好意思拒絕一個熱情似火的人，特別是當你用心地對別人說好話時，當你在對方有困難時給予適時的幫助時，對方一定會被你感動。所以說，熱情的業務人員更能贏得顧客的好感和認可！

把客戶當作朋友，能讓你在不斷地與客戶建立牢固的友誼時，還會有更廣泛的人際關係，那時離成功也就不遠了。

汽車推銷大王喬・吉拉德總是設法讓每一個光顧他生意的顧客感到他們似乎昨天剛見過面。「哎呀，比爾，好久不見，你都躲到哪裡去了？」喬・吉拉德微笑著，熱情地招呼一個走進展銷區的顧客。

「嗯，你看，我現在才來買你的車。」比爾抱歉地說。「難道你不買車，就不願順道進來看看，打聲招呼？我還以為我們是朋友呢。」「是啊，我一直把你當朋友，喬。」「你每天上下

班都經過我的展銷區，比爾，從現在起，我邀請你每天都進來坐坐，哪怕是一小會兒也好。現在請你跟我到辦公室去，告訴我你最近都在忙什麼。」

當一位滿身塵土、頭戴安全帽的顧客走進來時，喬·吉拉德就會說：「嗨，你一定是在建築業工作吧。」很多人都喜歡談論自己，於是喬·吉拉德盡量讓他無拘無束地開啟話匣子。「你說得對。」他回答道。「那你負責什麼？鋼材還是混凝土？」喬·吉拉德又提了一個問題想讓他談下去。

有一次，當喬·吉拉德問一位顧客做什麼工作時，對方回答說：「我在一家螺絲機械廠上班。」「噢，那很棒，那你每天都在做什麼？」「造螺絲釘。」「真的嗎？我還從來沒有見過螺絲釘是怎麼造出來的呢。方便的話我真想上你們那兒去看看，歡迎嗎？」喬·吉拉德只想讓對方知道自己是多麼重視他的工作。或許在這之前，從未有誰懷著濃厚的興趣問過他這些問題。相反，一個糟糕的汽車業務員可能嘲弄他說：「你在造螺絲釘？你大概把自己也擰壞了吧，瞧你那身皺巴巴的髒衣服。」

喬·吉拉德特意去工廠拜訪這位顧客的時候，看得出對方真是喜出望外。他把喬·吉拉德介紹給年輕的同事們，並且自豪地說：「我就是從這位先生那兒買的車。」喬·吉拉德趁機送給每人一張名片。正是透過這種策略，他獲得了更多的生意。

熱情地對待每一位顧客說起來很容易，可是做起來卻很難。業務員每天面對那麼多人，況且人的情緒也有陰晴不定的時候。抓住每一位顧客的心很難，可是，只有你尊重你的每一位顧客，才會有機會抓住盡可能多的顧客。美國學識最淵博的哲學家約翰‧杜威說：「人類心中最深遠的驅策力就是希望具有重要性。」每一個人來到世界上都有被重視、被關懷、被肯定的渴望，當你滿足了他的要求後，他被你重視的那一方面就會煥發出巨大的熱情，併成為你的朋友。

4. 選擇客戶感興趣的話題

　　在日常生活中，我們與朋友能夠友好地相處，大多是因為有共同話題。當我們與客戶溝通時，擁有共同的話題同樣重要。

　　然而，我們在業務中，卻經常會犯一種錯誤，一見到客戶，就口若懸河地講我們要業務的產品，這就像我們去相親，看到一個心儀的姑娘，上去就對她說「我愛你」一樣，相信你這麼一說，姑娘脾氣暴躁的「啪」一個巴掌就過去了「神經病」，脾氣好點有修養的一聲不吭轉身離開已經是給你面子了。所以說，跟客戶溝通，一定要選擇對方感興趣的話題。

　　只有跟客戶聊他們感興趣的話題，才能夠讓談話的氣氛充

滿生機，使客戶感覺找到了知音。一旦客戶對你產生了親近感以後，你再談業務的事情不就容易了嗎。

董浩梅是一家英語補習班的業務員。

一提到英語補習班，很多人可能很快就會聯想到那些在街上發宣傳單、散名片，令你唯恐避之不及的人。

但董浩梅可不是這一類討厭的人。

董浩梅在向一位家裡有九歲孩子的母親做類似的業務時，她是這麼做的：

這位母親是一位舞蹈老師，每天上午有課，中午休息後去學校接孩子。

當董浩梅走進這位母親的辦公室時才發現，她之所以排斥孩子進英語補習班補習，是因為她的孩子以前報的補習班，讓她非常不滿意，她認為那個拉她孩子進入補習班的職員不稱職，而且孩子學得也不是很理想。

董浩梅在得知這些情況後，決定把補習班最近的學習情況介紹一下。然而，這位母親根本不給董浩梅機會，連聲催促董浩梅離開。正在這時，這位母親接到一個電話，董浩梅無意中聽到她下學期要辦一期成人舞蹈補習班。

等這位母親的電話結束後，董浩梅就向她請教：「打擾您一下，我向您請教一個問題，成人如何學好舞蹈？」

「你也對舞蹈感興趣？」這位母親驚喜地看著董浩梅，問道。

「不瞞您說,我小時候就喜歡舞蹈,可惜沒學過。」董浩梅做了一個鬼臉,「成人還能學會嗎?」

「能啊。只是成年人練舞蹈的基本功的難度比小孩子要大一點,這是因為骨骼的硬度大,不像小孩那樣可塑性強,但只要喜歡,堅持下來,慢慢學……」這位母親的話多了起來。

「難度有多大呢?」董浩梅追問道。這位母親立刻給予了詳細的回答。就這樣,兩位愛美的女性越談越開心。

後面的結局,我不說你也猜到了。董浩梅除了從這位母親那裡知道了很多成人學舞蹈的專業知識外,還多了一位指導她如何變美的朋友,更重要的是,這位母親要把孩子送到董浩梅介紹的補習班去學英語了。

董浩梅能夠搞定這位母親,是因為她們有「共同話題」── 都喜歡成人舞蹈班。

當我們跟客戶見面時,如果客戶在言談中表示對某件事有興趣,那麼對於你來說,這就是絕好的交流機會。你順著客戶的話題講下去,保證能夠讓客戶跟你有一種「想見恨晚」的感覺。

當我們以顧客為中心,選擇顧客感興趣的話題時,這會讓顧客感覺到在你這裡得到了重視。你談論起顧客感興趣的話題時,顧客在心理上會變得放鬆,對你產生認同感,會不由自主地加倍親近你。漸漸地,顧客也將成為你的忠實顧客。

美國總統羅斯福博聞強記。他在和別人交談的時候，總會找到讓別人感興趣的話題，從而使交談氛圍變得熱烈。他怎麼能做到這點呢？答案並不複雜。如果他要接待某個人，就會提前翻閱這個人的有關材料，研究對方最感興趣的問題。可見尋找一個讓別人感興趣的話題是多麼的重要。

　　據心理學研究發現，當談論的話題一旦涉及自己最關心的人或者熟悉的人、環境和事情時，人們不但會無條件地解除戒備心理，甚至還會對挑起話題的人懷有親近感。這便是心理學上的「同胞意識」。

　　威廉‧菲爾普斯 8 歲那年，有一次到姨媽家度週末。有位中年男人前來拜訪，他跟姨媽聊過之後，就和菲爾普斯談起來。

　　菲爾普斯這個時候對帆船非常痴迷，而對方似乎也對帆船很感興趣。他們倆的談話一直就以帆船為中心，兩人很快就成了好朋友。

　　客人走後，菲爾普斯毫不吝嗇地對姨媽表達了他對這位來客的喜歡，因為他對帆船也如此痴迷！但姨媽卻告訴他說，那個男人其實對帆船一點也不感興趣，他是一位律師。

　　菲爾普斯不解地問：「那他為什麼一直都在談帆船呢？」

　　姨媽說：「因為你對帆船感興趣，所以他就談一些讓你高興的事。」

這件事讓菲爾普斯受到了教育，直到成人後，他還時常想起那位律師富有魅力的行為。

　　在我們做業務的時候，完全可以借用顧客或客戶的這種心理，選擇一個客戶感興趣的話題，從而與客戶建立親和感，得到對方的信任和依賴。如果你想得到客戶的接受與喜歡，使業務獲得成功，那麼就要在平時其實顧客感興趣的話題不外乎兩種，一種是與他自己有關的話題，另一種是與他熟悉的人和事情有關的話題。多花些心思研究顧客的消費心理，有了了解這樣的業務才能做到有的放矢。

　　你如果想借用客戶的「同胞意識」這種心理進行業務的話，必須要考慮什麼人和什麼事情最能觸動對方的心靈，什麼樣的話題是對方最感興趣的。不能隨意亂用，以免顧客產生反感。只有選對話題，才能與顧客建立親和感，縮短與顧客的距離，使顧客從根本上接受並且喜歡上你和你的產品。

　　做推銷是最能鍛鍊人的。這個職業不僅僅考驗著你的毅力，還讓你明白做人的道理。那就是，你必須對客戶充滿愛。哪怕你是「假裝」與客戶有共同話題，也要建立在愛的基礎上，這樣，你們在交談時，才會有一個和諧溫馨的場面。

　　如果你對客戶懷著愛，再有一個合適的話題，能讓對方興趣大增，侃侃而談；而一個不合時宜的話題，則會使對方拒你於千里之外，失去與你繼續交往下去的欲望。

這時你會問，因為跟客戶都是初次見面，互相不了解，什麼話題合適呢？

實際上，當你做推銷時間長了，就總結出經驗了，一個人的心理狀態、精神追求、生活愛好等等，都或多或少地要在他們的表情、服飾、談吐、舉止等方面有所表現，只要你善於觀察，就能發現合適的話題。

有一次我在臉書上接到一個陌生臉友的諮詢案，他是做汽車配件業務的主管，為了盡快了解他的特質，我問了他一個問題：在你業務生涯初級階段有沒有特別讓你興奮或者記憶深刻的真實業務案例。他立刻打了一串興奮的符號，有啊，我馬上和他說：「你立刻用語音回覆我」他馬上回覆「好」。

有一位朋友到外縣市去開發新客戶。剛來到新客戶的公司門口，就見一輛車拋錨了，司機車上車下地忙了很久也沒有修好。

這位朋友二十多歲時就學會開車了，因為喜歡車，他業餘還學了一手修車的絕活。於是，他建議司機把油路再查一遍，司機將信將疑地去查了一遍後，果然找到了拋錨的原因。

司機見他幫了自己的忙，就試探地問他：

「你這麼懂車，以前學過嗎？」

「沒有，只是喜歡。」這位朋友說。

「嗯，我也喜歡車。對了，你平時關注的是哪方面的

車？」⋯⋯

就這樣，他們這一對陌生人聊了起來，並且越聊越投機，幾乎成為想見恨晚的好朋友。在聊天過程中，他不時地提到貨車、貨運，司機聽得很認真。

司機告訴他：「我是這個公司運輸車隊的負責人。」當司機得知他是來他們公司推銷產品時，立刻帶著他拜見了他們公司的經理，讓他順利地開發了一個新客戶。

事實上，我這位朋友一直沒有告訴司機，早在他看到司機修車時，他就注意到司機胸前戴的工作牌，上面寫著司機的工號和職位。所以，他才在跟司機的聊天中，能把握住對方感興趣的話題，和司機侃侃而談。他聽完司機一口氣講了這麼多，就知道司機是努力出來的，業務能力肯定沒問題，於是他送上熱情洋溢的掌聲，同時對司機說：「您真是高手！以您的用心、實幹和做事的踏實，您所帶領的部門業績應該不錯！」

因為他們之前聊了不少「共同話題」，所以，他這句「奉迎」的話令司機很開心。

業務的察言觀色的能力非常重要，不僅要及時精準了解客戶的喜怒哀樂、生活習慣、職業狀況，還要同自己的情趣愛好加以結合。否則，即使我們發現了跟對方有共同點，也還會無話可講，或者講一兩句就「卡住」了，掉鏈子就白幹了，當然也就沒有我這種幸福幸運的好結果了！

不管是新客戶還是老家戶，我們在跟他們見面時，都要盡量尋找「共同話題」，如果沒有，就想辦法來引導他們。這些辦法包括如下，如表 3-1：

表 3-1　與客戶尋找共同話題的方法

1	要以客戶為中心，以對方感興趣的事情來作為話題。
2	想一切辦法，來引導客戶談論他的工作，比如，客戶在工作上曾經取得的成就或將來的美好願景等。
3	要多提起客戶的主要愛好，比如體育運動、飲食愛好、娛樂休閒方式等。
4	跟客戶談論時事新聞、體育報導等，比如每天早上迅速瀏覽一遍報紙，與客戶溝通時，首先要把剛剛透過報紙了解到的重大新聞拿來與客戶談論。
5	可以適當地跟客戶談論他孩子的情況，比如孩子的教育等。
6	學會和客戶一起懷舊，比如提起客戶的故鄉或者最令其回味的往事等。
7	談論客戶的身體情況，以及如何養生等問題。

　　不管在什麼情況下，只有當客戶對你所說的話感興趣時，他才會重視起來。所以在「業務產品」這道正餐之前，不妨先給客戶準備一道開胃菜，即談論客戶感興趣的話題。

　　需要提醒的是，如果是在比較嚴肅、正式的場下，即便是與客戶聊他感興趣的話題，也要時刻關注客戶的表情，當客戶感到厭煩時，你必須立刻停止交談。

5. 跟客戶多說「我們」少說「我」

　　雖然說優秀的業務員各有各的不同，但有一點卻是相似的，就是他們在跟客戶溝通時，總能用看似無意中的一句話溫暖客戶的心。

吳單麗做業務前是公司的櫃檯。她決定向公司申請調到業務職位時，家人、朋友、同事甚至於老闆，都勸她三思，大家對她說，雖然櫃檯薪資不高，但是比較穩定。做業務底薪太低不說，那可不是一般人做的，向客戶口袋裡拿錢，那真是太不容易了啊。

　　吳單麗感謝大家的提醒，並說道：「你們提的建議都好，從客戶口袋裡拿錢，太難了。我們能不能想個辦法，讓客戶順利地簽單呢？」

　　聽了她的話，大家就為她出主意，她一一記下，並說：「這些好點子，是我們做業務的聖經，看來大家都是業務天才啊，我作為大家的朋友，可不敢丟大家的臉。」

　　就這樣，大家都對她抱有了信心。

　　結果也在所有人的意料之中，吳單麗做業務員第二個月，業績就排在業務部門第一位。大家讓她講祕訣，她笑著說：「都是我們大家的功勞。」

　　原來，吳單麗在跟客戶溝通時，她使用的語言多是「我們」。比如，一位比她年長的女客戶讓她幫忙推薦一款送給母親的禮物。

　　吳單麗會問：「姐，我們這是給我們親媽送禮物，要講究經濟實惠，這樣我們既省了錢，又買到了實用的東西，對吧？」

　　女客戶高興地說：「你說得太對了，正好我最近手頭錢有

點緊，才讓你幫著選的。」

　　吳單麗點點頭：「明白姐的意思，那給我們媽買的禮物控制在 2000 元左右，以實用、我們媽喜歡為主。對了，咱媽喜歡什麼禮物？既然送禮物，盡量投其所好，您說是不是？」

　　……

　　就這樣，女客戶在吳單麗的建議下，快快樂樂地給她母親買了禮物。

　　吳單麗的話之所以能夠讓反對她的朋友支持她，就是因為她在講話時，自始至終是和朋友站在一起的。和客戶更是如此，吳單麗的每句話，都能夠讓客戶感覺到她是為自己著想，為自己省錢，在客戶心裡，吳單麗儼然就是自家人，自然樂意聽從吳單麗的建議。當然，吳單麗也是真心為客戶著想。

　　分析吳單麗的話，我們會發現，吳單麗在跟客戶對話中，幾乎沒有提到自己。一直在為客戶著想，導致的結果是「雙贏」。

　　大量的事實也證明，人們都喜歡被人關心，被人真誠對待，所謂的「哄死人不償命」，講的就是這個道理。如果在用好話「哄」人前，你再付出真心，那麼，對方一定會對你非常信任。

　　在跟客戶談話時，用「我們」把你關心客戶的真心表達出來，一定會讓客戶願意聽你講話的。這也是很多業務員總結出來的經驗，面對形形色色的客戶，我們不可能準確地把握每一

個人的心理，但是有一條準則卻是相同的，你為客戶著想，即使不能讓客戶絕對信任你，但也是會讓客戶喜歡你的。

我的一位學員，講起她初次做業務員的經歷：

她第一次上門推銷時，敲開客戶的門，第一句話就是：「您好，我是某某公司的某某，現在公司生產的產品處於促銷……」

對方敷衍地笑笑，把門關上了。

在遭到多次拒絕後，她認真想了想，決定換一種方式。因為她推銷的是女性客戶用的香水，於是，她事先給客戶買了一束鮮花作為贈品，

客戶開門後，她禮貌地說：「您把家收拾得好整潔、優雅，如果我們再把這花擺上去，就更完美了……」等對方好奇地接過花開始講話時，她才找機會講公司的產品。

業務員在說「我們」時會給對方一種心理暗示：業務員和客戶是站在一起的，是站在客戶的角度想問題，雖然「我們」只比「我」多了一個字，但卻多了幾分親近。因為當你跟客戶說「我們」時，表明你很關注對方，是站在雙方共有的立場上看問題，把焦點放在對方，而不是時時以自我為中心。

毫不誇張地說，你試著注意一下自己每天說「我」的次數，你會發現，自己幾乎每句話都提到了一個「我」字。所以，業務人員要盡量避免這樣情況的出現，避免老是說「我」。

如果想成為一個受客戶歡迎的人，請你必須牢記：少說「我」，多說「我們」。關注客戶，客戶才會更關注你！

人人都喜歡戴高帽子，人人都喜歡被別人重視。所以業務人員要把握客戶這種微妙的心理，在和客戶談話的時候多說「我們」，少說「我」！

再想想看，既然人人都喜歡被別人重視，那我們就必須學會重視別人。如果客戶在炫耀自己的能力，就讓他炫耀好了，即使你很討厭他，也要裝作喜歡聽他講話的樣子。對於常

客戶打交道的業務人員來說，取得對方信賴是一件獲得對方青睞的重要法寶，這是因為如下原因：

┃原因一：能讓客戶感覺到受到了重視

當你向客戶說「我們」的時候，在客戶看來，你對他比較重視，在心裡會對你產生好感。如果你對客戶總是「我如何如何」，客戶心裡會說：「我又不認識你，對你也不感興趣，何必聽你講這些沒用的話。」同時還會認為你這個人比較自我，從而不願意跟你交往。

┃原因二：能讓客戶真正感覺到你的關心

跟客戶講話時說「我們」，還意味著你是否有和客戶繼續交往的欲望。對於許多客戶來說，他們跟你談話的目的並不是單純地想解決問題，更重要的是希望業務人員真心地關心自己，

只有你關心他們，才會讓他們覺得你推銷的產品真正是他們需要的。

需要提醒的是，業務員要注意，不能事事說「我們」，要根據跟客戶溝通的場景來把握說話的節奏。

6. 運用幽默，避免冷場時的尷尬

方文玲在某商場租了一個櫃位，專賣品牌服裝。

下面是她與一位試過衣服的男顧客的對話：

「我們這個品牌的衣服可是從法國進的，請的還是美國好萊塢的名星做代言，品質沒得說，就是價格高一點，一般人買不起。」

該款衣服確實昂貴，方文玲說這話的本意，是想強調衣服的名牌效應。沒想到，男顧客聽後，臉拉得很長，氣呼呼地說道：「你的意思是我沒錢買？」

方文玲看到對方生氣，連忙說：「我不是這個意思……」

「那你是什麼意思，你不就是看我穿得普通，買不起嗎？」男顧客因情緒激動，臉漲得通紅。

方文玲說：「其實我覺得價格是次要的，關鍵是合不合適，就像很多男人都喜歡林志玲，覺得她很美，把她當作夢中情人一樣，但她可不適合當老婆呀，您說是不是這個道理？我覺得

這套衣服穿您身上太適合不過了，配上您的氣質，讓您強大的氣場得到很好的發揮。在你身上說帥字我都感覺到俗。如果您也把林志玲當過夢中情人的話，我勸您以後趕快改了吧，別把林志玲當夢中情人了，我猜想您這樣穿出一定是她的夢中情人！」

男顧客聽她這麼一說，撲哧一聲笑了，說道：「您說話真逗，告訴您吧，我的夢中情人還真是她。來，給我把衣服包起來吧。」

然後買單走人。

幽默是一種最富感染力、最具有普遍傳達意義的交際藝術。幽默在人際交往中的作用是不可低估的，俗話說「笑一笑，十年少」，人們大多喜歡和具有幽默感的人交往，因為他們能給人帶來一種心靈上的愉悅和輕鬆！

在業務中，交易的本身容易讓客戶充滿戒備與敵意，如果我們業務員能夠適當地運用幽默的業務技巧，就能夠消除客戶的緊張情緒，讓我們跟客戶的整個溝通過程變得輕鬆愉快，充滿人情味。所以，幽默的業務員更能獲得客戶的歡迎，取得他們的信任，促使交易走向成功。

業務員幽默的語言不但能讓顧客在心裡認同你，還能讓你在業務中造成化險為夷的作用。朋友朱麗在與客戶談判時，經常運用幽默來使自己避免尷尬。

朱麗是仲介公司的業務員。有一次，她帶著一對打算買房的老夫婦去看房。在路上，女客戶說了打算買房的理由：

　　「我們在市裡住了 20 多年，那房子雖然大，但是太吵了，社區挨著馬路，早上五點多就聽到公車廣播的報站聲了。社區綠花環境也差，連一塊草坪都沒有。」

　　朱麗聽後，心裡明白，這對老夫婦對房子的唯一要求，是環境要好。於是，他在帶他們去看房子時。一路上，，不厭其煩地指著路邊的花花草草假山流水跟叔叔阿姨嘮嘮叨叨：

　　「叔叔，阿姨，看到了吧，你看這樹，這遍地的鮮花綠草，還有那裡的假山綠水，媽呀，這哪裡是水泥城市，完全是一秀色可餐的美麗小鎮啊。我就這樣對您們說吧，住在這個社區裡的居民，只要是搬來了，都不會離開這裡的……」

　　朱麗的話還沒有說完，三人就看到前面有一戶人家正在搬家。朱麗立刻說道：「叔叔，阿姨，您們看看吧，這位中醫鄰居，在這裡開了一家診所，但因為這裡環境好，空氣好，安靜，個個鄰居都願意出來鍛鍊身體，沒人生病，導致他生意慘淡，不得不另尋出路了。好可憐啊……」

　　客戶聽後笑了起來。

　　幽默語言是一種特殊的語言藝術。它是我們適應環境的工具，是人類面臨困境時減輕精神和心理壓力的方法之一。為此，俄國文學家契訶夫說過：不懂得開玩笑的人，是沒有希望

的人。

身為業務員，因為時刻跟各式各樣的人打交道，所以，更要學會幽默。我們在為客戶帶來幽默快樂的同時，還會愉悅自己。讓自己多一點幽默，少一點苦悶；多一點幽默，少一點偏執。

具有幽默語言的業務員，生活充滿情趣，會使人感到和諧愉快，相融友好，業務也自然成功。

幽默可以淡化人的消極情緒，消除沮喪與痛苦，為別人帶來歡樂。

每一個人都喜歡和幽默風趣的人打交道，而不願和一個死氣沉沉的人呆在一起，所以一個幽默的業務人員更容易得到大家的認可。

蘇育寧是一位保險業務員。有一次，他聽一位老師的課後，就對老師說：「老師，我聽了您兩天的業務特訓營，感觸太深了，我知道這個月回去我的業績一定大幅度提升。為了回饋您我決定為您服務」

這位老師知道蘇育寧是保險業務員，就笑著拒絕：「雖是同行，但我對保險公司的辦事效率保持懷疑態度。所以，請原諒我不能配合你，明確告訴你，我拒絕你的服務。」

蘇育寧熱情地說：「老師，您之所以懷疑保險公司的辦事效率，那是因為您還沒有遇到我。您知道我的辦事效率有多高

嗎？實話告訴您，我曾經服務過的一個客戶的故事吧。我的一位客戶不小心從樓上摔下來，還沒有落地的時候，我已經把賠付錢匯到了他的帳戶了。」

聽了他的話，這位老師笑了。暫時打消了對保險的疑慮，心裡開始想：「如果我選擇保險公司，第一優先選的將是他。」果不其然，後來他真的成為蘇育寧的客戶。

幽默可以說是業務成功的金鑰匙，它具有很強的感染力和吸引力，能迅速開啟顧客的心靈之門，讓顧客在會心一笑後，對你、對商品或服務產生好感，從而誘發購買動機，促成交易的迅速達成。所以，一個具有語言魅力的人對於客戶的吸引力簡直是不能想像的。

我的朋友 H 做業務員不到三年，他不但口才好，而且反應敏捷，善於隨機應變。

有一次，H 正在業務他那些「折不斷的」尺時，他說：「看，這些繪圖尺多麼堅韌，任憑你怎麼用都不會折斷。」

為了證明他所說的話正確，他捏著一把繪圖尺子的兩端使它彎曲起來。突然「啪」的一聲，原本完好的繪圖尺頓時變成兩截塑膠斷掉了。

這個時刻，一般人會很驚慌的，但機靈的 H 把它們高高地舉了起來，對圍觀的「看熱鬧」觀眾大聲說：「請仔細看看吧。女士們，先生們，這就是繪圖尺內部的樣子，我們拆開看看，

瞧它的質地多好啊！」

　　出色的業務人員，是一個懂得如何把語言的藝術融入到商品業務中的人。可以這樣說，一個成功業務人員，必須要培養自己的語言魅力。有了語言魅力，任何突發事件都是最佳的業務契機！一個具有語言魅力的人對於客戶的吸引力簡直是不能想像的。出色的業務人員，都是一個懂得如何把語言的藝術融入到商品業務中的人。

　　一個業務人員，有了語言魅力，就有了成功的可能。所以，業務員在和客戶交流時，要注意以下幾點：

▌第一點：用語通俗化，最好讓客戶一聽就懂

　　由於客戶都是普通老百姓，所以，業務員說的話一定要通俗易懂。在向客戶交流時，業務人員對產品和交易條件的介紹一定要簡單明瞭，表達方式必須直截了當。同時，業務人員還要使用每個顧客所特有的語言和交談方式。所以，一個業務人員首先要做得就是要用客戶明白的語言來介紹自己的商品。

▌第二點：必要時可以用講故事的方式介紹產品

　　人人愛聽故事，如果用講故事的方式向客戶介紹產品，自然能夠收到很好的效果。任何商品都自己有趣的話題：它的發明、生產過程、產品帶給顧客的好處，等等。業務人員可以挑選生動、有趣的部分，把它們串成一個令人喝采的動人故事，

作為業務的有效方法。

　　所以業務大師保羅・梅耶說：「用這種方法，你就能迎合顧客、吸引顧客的注意，使顧客產生信心和興趣，進而毫無困難地達到業務的目的。」

▌第三點：學會用形象的語言和客戶交流

　　「說話一定要打動顧客的心而不是顧客的腦袋。」為什麼要這樣說？因為顧客的錢包離他的心最近，打動了他的心，就等於動了他的錢包。打動客戶的心最有效的辦法，就是要用形象的語言來描繪。就像女生去逛商場，業務人員對顧客說：「這件衣服穿出了你獨有的氣質。」「穿出你獨有的氣質」，一句話就會打動顧客的心。她立刻就會買這件衣服。在顧客心中，不是顧客在照顧她的生意，而是這件衣服讓她擁有氣質。顧客自然喜歡買單。

第四章

善於傾聽，從客戶講話中掌握資訊

1. 傾聽的藝術，80% 的成交靠耳朵完成

傾聽是一門藝術。善於傾聽的人不但不容易犯錯誤，還能夠得到他人的喜歡。這是因為當你用心地傾聽別人說話時，你會明白對方的真實想法，理解對方的心意，這時候你說出的每一句話，都能夠說到對方心坎裡，能讓你贏得對方的真情和信任。

對於業務員來說，學會傾聽，是你自我修養的展現。當你帶著自己的誠心，認真地聽客戶講話時，你會體察到客戶的心情，明白他的需求，這樣你可以為他解憂排難。

戴爾·卡內基就曾經告訴我們說：「如果你想成為一個談話高手，那麼首先你得學會聆聽，要鼓勵別人多談他自己的事，而不是讓別人只聽你說話。」業務員只有多傾聽客戶的意見和看法，才能增加你對這件事情的見識，讓你獲得智慧和尊重。據調查，絕大部分業務高手都善於聆聽客戶說話。

郭宇寧和張芷若都是某房仲公司的業務員。張芷若是業務部門經理，郭宇寧是入職不久的業務。

有一次，公司讓郭宇寧電話回訪一位客戶。這個客戶多少次來看過房，就是遲遲不交定金。郭宇寧打通客戶電話後，認真地向客戶推薦了熱銷的房地產，價格適中，可以說，無論是價格，還是戶型，都是客戶心中期望的。

郭宇寧滔滔不絕地講了半天，沒想到客戶還是委婉地拒絕了，客戶說：「我確實喜歡你推薦的房子，但我手頭確實有點緊，年底我有一個朋友欠我錢，等他還了我，我再去買。」

　　郭宇寧知道對方是在搪塞，心想這客戶真不識好歹，自己白白講了半天，就客氣地結束通話了電話。

　　郭宇寧向部門經理張芷若彙報工作：「這個客戶沒戲唱，說什麼年底有錢了再買房，一看就是在推拖。我建議別理這種客戶了。」

　　張芷若心想：這個客戶我接待過好幾次，他是公司的中層領導，按道理講工作也很忙。如果無心買房，是不可能多次花費時間來看房的。

　　想到這裡，張芷若向郭宇寧要過客戶的連繫方式，親自打電話給客戶。

　　張芷若撥通客戶電話後，在禮貌地自我介紹後，他就一直靜靜地傾聽客戶說話，偶爾會同情地插一句話。在半個小時後，張芷若才掛了電話。

　　下午，客戶就拿著買房的定金來找張芷若。

　　客戶走後，郭宇寧驚訝地問張芷若是怎麼說服客戶買房的？

　　張芷若笑著說：「當客戶提到他的朋友欠他錢時，我並沒有勸客戶買房，只告訴他年底怕這戶型漲價或沒有了。然後幫

客戶出主意，能否先少交一點定金。因為畢定買房是大事，朋友還錢是朋友的事情，別讓朋友耽擱自己的事，我勸他認真考慮考慮。」

推銷天王喬吉拉德曾經告誡業務員說：「不要過分的向顧客顯示你的才華，那樣會傷害他們的自尊心。成功推銷的一個祕訣就是 80％的使用耳朵，20％的使用嘴巴。」

對於業務員來說，懂得傾聽是成功溝通的一把武器，因為單方面的說服只是灌輸，而傾聽才是連線彼此內心的橋樑。所以，業務員在跟他人溝通時，一定要先聽懂對方想向你表達什麼，你說出的話才能打動對方，從而進行有效地溝通。

不可否認，在當今新型的社交模式下，人人都喜歡贏得別人的重視和尊重，所以都急於表達自己而懶得聆聽他人的心聲。反過來說，如果你能夠認真聆聽，給予對方足夠的關注，那他也會放下戒備反過來專心聽你說話，從而能夠增進彼此的關係，也更容易化解分歧和解決問題。

著名的人際關係學大師卡內基是美國現代成人教育之父，也是上世紀最偉大的心靈導師和成功學大師。據說在卡內基成名之前，他還做過一段時間的汽車業務員。在做業務員期間，卡內基起初秉承的是以「說」為主的推銷術：

有一次，店裡來了一位穿著時尚的年輕夫婦，卡內基趕緊上前招呼：「非常歡迎兩位光臨我們的店，我們這裡有最

優良的貨車和自用車，以兩位的身分，這輛車就非常適合你
們……」

卡內基滔滔不絕地講了半天，但兩位顧客的臉上卻沒有一
絲笑意。又過了幾分鐘，女顧客終於不耐煩了，拉著丈夫的手
就往外走。走到門口的時候，女顧客還不忘回過頭揶揄了卡內
基一頓：「這位先生，你非常熱情，但很顯然，你不懂汽車，
也不懂相關的機械原理。剛才你只是在向我們背誦一些說明書
上的數字，這些事誰都會做。所以，我們是不會向一個外行買
車的。」

聽了女顧客的話，卡內基半天說不出話來，只是唯唯諾諾
地一直向兩位顧客道歉。更讓卡內基尷尬的是，女顧客的話被
剛從辦公室出來的經理聽到了。客人走後，經理對著卡內基又
是一頓痛罵：「告訴你多少次了，不要和顧客談論那些該死的
數據，如果你真的想賣掉汽車，就應該用心去搞懂汽車的效能
和原理，並按照顧客的需求向他們做介紹。否則，你就會像外
面那個人一樣。」

卡內基順著經理手指的方向看去，看到了一個乞丐。

從那天起，卡內基開始反省自己的行銷手段。後來他發現
自己犯了一個公關上的致命錯誤，就是沒有事先問客戶需要什
麼，也沒有給客戶發言的機會。事實上，真正的癥結並不在於
他對自家的品牌了解多少，而是客戶的需求。他忽略了這樣一

個潛在的事實，就是很多客戶在去他的店之前，或許已經逛了很多汽車業務店，對汽車的效能也有相當的了解。感悟到這一道理之後，卡內基開始全身心地投入研究客戶的需求中，最後成功地掌握了能把話說到客戶心窩的行銷口才。

心理學研究顯示，越是善於傾聽的人，與他人關係就越融洽。因為傾聽本身就是對對方的一種褒獎，你能耐心傾聽對方的談話，等於告訴對方「你是一個值得我尊敬的人」，對方又怎能不積極回應、表現出對你的好感呢？

人人都想說好話、說巧話，都想透過會說話贏得好人緣，卻忽略了溝通的另一面－傾聽。其實，會傾聽同樣可以使你在溝通中贏得對方的好感，幫你開啟成功的另一扇窗。如果和人溝通時不注意傾聽，即使你巧舌如簧，也可能是一個失敗者。

80% 的業務員在推銷的時候，都會犯相同的錯誤，就是說得太多，聽得太少，結果就是把握不住客戶的需求，錯失商機。為此，美國前總統亞伯拉罕・林肯說過：「當我準備發言時總會花三分之二的時間考慮聽眾想聽什麼，而只用三分之一的時間考慮我想說什麼。」其實演講也好，推銷也罷，都要靠嘴來說，所以這種考慮對方需要的意識在本質上是相同的。

對於業務員來說，向客戶講自己知道的，是智商的展現；而讓客戶講出他的需要，則是情商的展現。

溝通是雙向的。我們並不是單純的向別人灌輸自己的思

想，我們還應該學會積極的傾聽。傾聽的能力是一種藝術，也是一種技巧。我們只有必要了解一下傾聽的藝術，才能夠順利地簽單。所以，我們在傾聽客戶說話時，務必做到以下幾點：

第一點：全神貫注地傾聽，並及時回應客戶

傾聽必須是全神貫注地去聽，並輔助以適當的表情、動作或簡短的回應，這樣才可以激起客戶繼續談話的興趣，並被支持和認可。

傾聽中的提問要言簡意賅，而且緊緊圍繞談話主題。提問時，要以理解、尊重的態度，認真、誠懇而準確地提出一些對方能接受的問題。

第二點：在傾聽時要配合肢體語言或語氣

體貼的微笑可以傳遞和善、友好的資訊；含笑的眼神可以表達你的真誠和友愛；熱情的語氣能讓客戶成為你的朋友，讓你和客戶產生一種共鳴。

第三點：從客戶談話中準確核實一些重要資訊

客戶在談話過程中會透露出一定的資訊，這些資訊有些是無關緊要的，而有些則對整個溝通過程起著至關重要的作用。對於這些重要資訊，你應該在傾聽的過程中進行準確的核實。這樣既可以避免遺漏或誤解客戶的意思，及時有效地找到解決問題的辦法；另一方面，客戶也會因為找到了熱心的聽眾而增

加談話的興趣。

值得業務員注意的是，準確核實並不是簡單重複，它需要講究一定的技巧，否則就難以達到鼓勵客戶談話的目的。

▌第四點：要善於聆聽客戶的言外之意

在傾聽的過程中，還有一點很重要，就是業務員應從客戶的語氣、語調、語速等多方面捕捉到資訊，聽出客戶的言外之意。在實際溝通中，客戶很少直接把自己的需求表露出來，因為很多需求是隱性的，連他自己也不清楚。還有的客戶不敢直接說出自己真正的感覺和想法，他們往往會運用一些敘述或疑問，百般暗示，以此來表達自己內心的感受和看法。

2. 會說不如會聽，「聽」出來的大單

俗話說：「聽鑼聽聲，聽話聽音。」話語除了字面上的含義之外，還有很多言外之意，包含了情感、側重、傾向、價值觀方面的資訊。所以要認真傾聽，從對方的話語中抓住最有價值的資訊。

我輔導的公司有兩位員工小張和小鄭，都聽過我的課。他們同一天入職，小張一年沒有簽單，小鄭三個月時就開始簽單，現在基本每個月都會簽一個客戶。

小張頭腦靈活，能說會道。經過培訓，他能夠在接待客戶時總保持著招牌的微笑，嘴裡「嗯啊」地回答，但事後你問他客戶說了什麼，他支支吾吾地回答不上來。

　　別看他聽得很認真，但他心思沒在客戶那裡，為此，小張的結論是：「我一天要接待多少客戶，這些客戶甚麼人都有，誰有耐心聽他們婆婆媽媽講下去啊。」

　　我對他說：「認真對待顧客，並不是只為顧客介紹產品，做好售後服務。這只是作為業務員最基礎的硬體條件。收錢的事情誰都喜歡做。關鍵是如何讓顧客樂意、願意為你付錢。這就得需要你的『傾聽』技巧了。」

　　小鄭性格內向，平時也不愛說話，但客戶就是願意跟他聊。我問小鄭：「客戶跟你聊什麼？」

　　小鄭回答：「他們甚麼都聊，我負責聽就好了。有時我會根據客戶講的話題，或附和或講講我的見解。有一次，一個客戶說，他的親戚開著什麼店，想進公司的產品，問我能不能優惠。我連夜把市場上同類產品品質對比、分析後做了一張表，明眼人一看就能看出來，我們公司的價格高點，但品質足也是棒的。」

　　這還沒完。

　　小鄭從不強迫客戶買產品，而是對客戶說：「我把同行的連繫方式給您，您再讓我們家親戚深入了解一下，覺得哪家產品好就選哪家的。」

我笑著問：「你不怕客戶跑了？」

小鄭說：「真不怕，我跟客戶聊得多，我從他們話中太了解他們每個人的性格了。而他們對我是非常信任。再說了，我心裡真為客戶著想，如果客戶真鍾意其他公司產品，我也樂意滿足他們。結果你猜怎麼樣？這個客戶的親戚原來是一個大的供應商，幾年來我們公司的老業務都簽不了，居然被我這個新手給簽了。是不是我運氣夠好？」

我說：「不是你運氣好，是你會聽。你這個大單是你『聽』出來的。」

小鄭的「會聽」，其實就是有效傾聽。有人曾經做過一個遊戲：兩人一組，一個人連續說3分鐘的話，另外一個人只許聽，不許發聲，更不許插話，可以有身體語言。之後換過來。結束以後每人輪流先談一談聽到對方說了些什麼？然後由對方談一談聽者描述的所聽到的資訊是不是自己想表達的？

最後顯示的結果與其他培訓課上的情況相近，有90%的人存在一般溝通訊息的丟失現象，有75%的人存在重要溝通訊息的丟失現象，35%的聽者和說者之間對溝通的資訊有嚴重分歧，比如：妻子說「婚姻是需要經營的」，而丈夫卻聽成「在婚姻中不必過於勉強自己」，這是一種對溝通訊息的完全曲解。

世界最偉大的業務員喬吉拉德，也有因為不注意傾聽而丟單的時候。在一次推銷中，喬吉拉德與客戶洽談順利，就在快

簽約成交時，對方卻突然拒簽。

當天晚上，不甘心的喬吉拉德按照顧客留下的地址上門討教。客戶見他滿臉真誠，就實話實說：「你的失敗是由於你沒有自始至終聽我講的話。就在我準備簽約前，我提到我的獨生子即將上大學，而且還提到他的運動成績和他將來的抱負。我是以他為榮的，但是你當時卻沒有任何反應，甚至還轉過頭去用手機和別人通電話，我一怒之下就改變主意了！」

此番話徹底驚醒了喬吉‧拉德，使他領悟到「聽」的重要性。如果不能自始至終「有效傾聽」客戶講話的內容，了解並認同對方的心理感受，就有可能會失去自己的顧客。

成功的業務必須腳踏實地。就像我們做人一樣，來不得半點虛的。聽客戶講話也是同樣的道理，必須耐心地聽，用心地聽，甚至懷著同理心聽，唯有這樣才能讓你的「傾聽」變得有效。

凡是頂尖業務員，都明白傾聽的重要性，因為只有學會有效地傾聽，才能夠感動客戶。就好比你是客戶，在遇到一些事情想和人分享時，如果能有一個人在懂你的基礎上聽你說話，你心裡該如何信任對方？

那麼，如何傾聽才能夠做到有效傾聽呢？這裡面是有技巧的。

美國著名心理學家湯瑪斯‧戈登研究發現，按照影響傾聽

效率的行為特徵，傾聽可以分為三種層次。一個人從層次一成為層次三傾聽者的過程，就是其溝通能力、交流效率不斷提高的過程，如表 4-1：

表 4-1　傾聽的三種層次

第一個層次	在這個層次上，聽者完全沒有注意說話人所說的話，只是在為了照顧對方的面子而假裝在聽，其實卻在考慮自己的事情，或是其他毫無關聯的事情，或是內心想著如何辯駁對方。此時，對他來說，他更感興趣的不是聽，而是想著如何說。這種層次上的傾聽，是最容易導致雙方關係的破裂、衝突的出現和拙劣決策的制定。
第二個層次	人際溝通實現的關鍵是對字詞意義的理解。在傾聽的第二層次上，聽者主要表現在傾聽所說的字詞和內容，可在大多情況下，還是錯過了講話者透過語調、身體姿勢、手勢、臉部表情和眼神所表達的意思。這樣將導致誤解、錯誤的舉動、時間的浪費和對消極情感的忽略。除此以外，由於聽者是透過點頭同意來表示正在傾聽的，而不用詢問澄清問題，所以這樣還會導致說話人可能誤以為所說的話被完全聽懂或是理解了。
第三個層次	處於這一層次上的人，才是表現出一個優秀傾聽者的特徵。這種傾聽者是高效率的傾聽者，他們在說話者的訊息中能夠尋找感興趣的部分，他們認為這是獲取新的有用訊息的契機。高效率的傾聽者清楚地知道自己的個人喜好和態度，能夠更好地讓自己避免對說話者做出武斷的評價或是受過激言語的影響。好的傾聽者從來不會急於做出任何判斷，而是感同身受對方的情感，並且能夠設身處地看待事物，這時他們更多的是詢問而非辯解。

湯瑪斯·戈登在統計後發現，約有 80% 的人，在與人交往時，只能做到第一層次和第二層次的傾聽，而在第三層次上的傾聽只有 20% 的人能做到。但正是這 20% 的高效率的傾聽者，成為做任何事都能接近成功的那一部分人。也就是所謂的二八定律（又名 80/20 定律），即最省力的法則、不平衡原則等。

業務員要想學習高層次傾聽的一些方法並不難，首先要做到以下幾點，如表 4-2：

表 4-2　高層次傾聽的方法

1	專心	透過非語言行為，如眼睛接觸、某個放鬆的姿勢、某種友好的臉部表情和宜人的語調，你將建立一種積極的氛圍。如果你表現的留意、專心和放鬆，對方會感到重視和更安全。
2	真誠地對對方的需要表示出興趣	你帶著理解和相互尊重進行傾聽，才能表現出對對方的需要的興趣來。
3	以關心的態度來傾聽	像是一塊共鳴板，讓說話者能夠試探你的意見和情感，同時覺得你是以一種非裁決的、非評判的姿態出現的。不要馬上就問許多問題。不停的提問給人的印象往往是聽者在受「炙烤」表現得像一面鏡子：回饋你認為對方當時正在考慮的內容。總結說話者的內容以確認你完全理解了他所說的話。
4	避免先入為主	這發生在你個人態度投入時。以個人態度投入一個問題時往往導致憤怒和受傷的情感，或者使你過早地下結論，顯得武斷。
5	使用口語	使用簡單的語句，如「嗯」、「噢」、「我明白」、「是的」或者「很有意思」等，來認同對方的陳述。透過說「說來聽聽」、「我們來討論討論」、「我想聽聽你的想法」或者「我對你所說的話非常感興趣」等，來鼓勵說話者談論更多內容。

　　在跟客戶談話時，你遵循這些原則會幫助你成為一名成功的傾聽者。所以，我們要養成每天運用這些原則的習慣，將它內化為你的傾聽能力，你會對由此帶來的結果感到驚訝的。

　　業務專家一致強調「服務」的重要性。我在這裡理解的服務中也包括「有效傾聽」，你的「傾聽」讓客戶滿意了，是對客戶精神上「服務」了。

　　每一位業務員也都知道這個道理，但是能夠身體力行、踏實去做的人卻少之又少。許多業務員認為「顧客第一」是老調重彈，沒有什麼好強調的，然而，這正是頂尖業務員能夠成功之處。

3. 耐心傾聽，識別客戶聲音背後的臉

　　卡內基曾經說過，一雙靈巧的耳朵勝過十張能說會道的嘴巴。作為業務人員，如果我們能夠耐心傾聽客戶的每一句話，都會引出很多內容，哪怕是抱怨或是批評的話，也值得我們思考和改進，有助於我們發現問題、解決問題。

　　小王是賓士汽車業務人員。一天，一位言談舉止、穿著打扮很有身分的男士來向小王選購汽車。小王無論在功能介紹，還是在價位檔次上都把握的恰如其分，眼看顧客成交在即，就是在簽單桌上簽單、品茶、閒聊的片刻，顧客突然起身要離開，怎麼也沒有留住。這次失利小王很納悶，很苦惱，不知道自己疏忽在哪裡。在我的一次培訓中，小王拿出這個例子向我諮詢。

　　我問：當時顧客給你閒聊的是什麼事情？

　　小王：就是大學入學考試成績下來了，他兒子考入了台灣大學。

　　我又問：你知道，父母最大財富是什麼？

　　小王：是子女。

　　我接著問：父母最大驕傲是什麼？

　　小王：是子女有出息。

　　我說：這就對了，這個時候顧客最大興趣已經不在賓士車上了，而在對子女炫耀上，希望得到是你的讚歎、附和、尊

重、羨慕等情感的傾訴。而你當時在做些什麼呢？

小王：我當時沒有考慮那麼多，心思只在填寫購車單上，對他的話語只是心不在焉應付著。

透過以上案例得出：業務人員不僅要是專業知識方面的顧問，也要成為「聽話高手」，在顧客或者客戶滔滔不絕的談話中發現他們的目的、矛盾、欲望、或者誤解、傾訴等，為進一步服務說明、說服、或者誘導打下基礎。一般來說，業務人員耐心傾聽有如下好處：

▌好處一：讓你足夠了解客戶的資訊
傾聽可以使你弄清客戶的性格、愛好與興趣。

▌好處二：讓你真正弄懂客戶的真正意圖
傾聽使你了解客戶到底在想什麼，對方的真正意圖是什麼。

▌好處三：讓你得到客戶的信任
傾聽使客戶感覺到你很尊重他，很重視他的想法，使他放開任何的包袱與顧慮。

▌好處四：讓你更完自己的工作
當你傾聽客戶的抱怨時，一方面好可以使客戶發洩，消除客戶的怒氣；另一方面，你可以從客戶這裡了解到自己的工作哪裡欠缺，有助於以後改正。

‖ 好處五：讓你有時間思考回答客戶的話

很多業務員在向客戶推薦產品時，一般都會被客戶用簡短的話來拒絕。如果你能客戶說話，那麼你可以透過傾聽來爭取時間，這樣會使你有充分的時間思考如何策略性的回覆客戶。

既然耐心傾聽有這麼多好處，那麼業務員如何來耐心傾聽呢？不妨從以下幾方面來做：

‖ 在傾聽客戶的話時一定要專注

業務員務必注意，在傾聽客戶說話時，一定要做到排除干擾，集中精力，以開放式的姿勢，並認真思考，積極投入的方式傾聽客戶的陳述。

‖ 在傾聽時要仔細地分析客戶說的話

業務員在專注傾聽的同時，還要仔細地分析對方話語中所暗示的用意與觀點，整理出關鍵點，聽出對方感情色彩，以及他要從什麼方面來給你施加混亂。

‖ 在傾聽時要把客戶講的模稜兩可的話記下來

要特別注意客戶的語言，模稜兩可的語言，要記錄下來，禮貌地詢問對方，觀察伴隨動作，也許是他故意用難懂的語言，轉移你的視線與思

▌在傾聽時要恰到好處地給以客戶回應

業務員在傾聽時，以適宜的身體語言回應，適當提問，適時保持沉默，使談話進行下去。

4. 學會傾聽，聲音詮釋客戶內心的表情

溝通從心開始，第一步就是學會傾聽。對於業務員來說，一雙善於傾聽的耳朵勝過十張能說會道的嘴巴。可以說，傾聽是最重要的最有效的溝通方式。

從溝通的角度而言，傾聽是溝通的前提。學會傾聽，是溝通的第一步。業務員要學會從客戶的話中知道他想什麼、關注什麼和需要什麼，這樣才能有針對性地給予客戶關心和幫助，使以後的溝通變得更加容易。不過，業務人員不能只注重表面的言辭，更要聽懂客戶的畫外音，才能拿捏客戶的心理。

「小夥子，我說過多少遍了，你別來我家推銷了，我這樣一個孤寡老人，平時連門都很少出，你的產品對我真的沒用。」

「阿姨，真不好意思，我打擾您了。」

「我不是怕你打擾，說實話，我還是想讓你來呢，我一個人在家寂寞啊。我是為了你著想，你年輕，推銷是你的工作，你賣不出去產品，就沒有錢。你說是不是？」

「是。」

「以後你記住我的門牌號，到我門口就繞過去。我年紀大了，在穿著上早不講究了，你要是能給我上門送一些米呀油呀的，我倒可以考慮考慮。」

「哦，阿姨，您現在需要買米或油嗎？我可以幫您。」

「小夥子，你真實在。我現在還不用，只是打個比方。謝謝了。」

「阿姨客氣了。」

「小夥子，你人這麼好，我不買你的產品，還真有點不好意思呢。可我買了真的沒用。我教你一招吧，你這種產品品質再好，你再努力，每家每戶地上門推銷，就是人家買，你也賣不出去多少。你不如去市場，向那些店家老闆推銷，我們附近居民區的人，都愛去那個市場買東西。」

「阿姨，謝謝你，我去過你說的那個市場了，他們嫌我的產品是新牌子，不敢進。」

「你多去幾次啊。這樣吧，我的侄女在那條街上開了一個百貨批發部，我帶你過去，讓她進你的貨。」

「阿姨，這樣不太好吧，有點強迫別人買我的產品之嫌。」

「沒關係，你對我這樣一個孤寡老人都這麼好，猜想產品也不錯。」……

上面的對話，是我輔導過的一個公司的員工提供給我的。這個員工剛做業務時，在兩個月內連遭碰壁，後來他就摸索出

一套跟客戶溝通的方法，用「傾聽」來獲取客戶內心的想法。上例告訴我們，做推銷，並不一定要能說會道。而是要學會傾「聽」。因為大部分客戶都還沒有耐心聽完你講就拒絕了，難怪來自各行各業的業務高手都認為做業務耳朵要比嘴巴重要！

張蘭是某商場服裝專櫃的櫃姐。三年前，她做這行時，跟大數人一樣，認為跟顧客打交道，就得會說。所以，在與顧客溝通時，她就像是開啟了話匣子，滔滔不絕地講了起來。然而，顧客在聽到她講第二句話時，就找藉口走開了。

一個月下來，來她這裡的顧客不少，但是買的卻不多。她開始質疑自己的能力。

「我到底哪裡做得不到位，才讓顧客感到煩感？」張蘭心想，「我得想辦法問問顧客。」

她決定改變與顧客溝通的方式。

「您好，有喜歡的請試試。」再有顧客到她這裡時，她一改先前的喋喋不休，盡量簡短地跟顧客說話。

「嗯，說實話，你這裡的衣服品質不錯，就是款式太老。」顧客是一個二十五六歲的女孩，「沒有我們這個年齡段要穿的衣服。」

聽了女孩的話，張蘭打量了一下自己掛起來的衣服，果然像女孩說的那樣，款式太老。

「嗯，您說得有道理，以後我少進一些您這個年齡段的女

孩穿的衣服。看看能不能賣。」張蘭說。

「你應該多進一些我們這個年齡段的女孩穿的衣服。」女孩說，「這附近有好幾所大學，有那麼多的辦公室，女大學生和女白領們可都愛來這裡逛啊。」

張蘭恍然大悟。果如女孩所說，她後來進的那些時尚款式的衣服，很快就賣了出去。

此後，她跟顧客再溝通時，會以傾聽為主，即使同客戶說話，她也會用請教的口吻，比如，「您說得對，請問您還有什麼好的建議？」「您最喜歡哪一款？」等等。

做業務，我們首先要明白，對方拒絕的理由中有 60％都不是心裡的真正想法。如果對方沒有告訴你為什麼要等以後再說，對方很可能是拒絕你了，正確的做法是問要清楚對方為什麼要等以後再去溝通，我們只有找到真正解決問題的突破口，業務員才有可能完成簽約。

早在 2000 多年前，古羅馬政治家西塞羅就說過：「雄辯之中有藝術，沉默也有。」但是，許多人忘記了「聽」的藝術，結果這個世界上好的聽眾少之又少。

業務人員首先應該扮演好聽眾，而後才是演說家。並且，在傾聽的時候直視對方，如果你能表現出濃厚的興趣，那麼你將會收到神奇的效果。

業務人員如果能聽懂顧客弦外之音，準確把握顧客的心

理，瞄準時機，迅速出擊，會更快地達成交易：

從客戶的話中「聽」出其意願

業務員要注意，如果你向客戶介紹產品過程中，你一直在說，客戶回應冷淡，或是偶爾看向其他地方，說明他對你說的內容沒有興致，這時你必須調整談話思路，激發客戶的興趣。如果客戶對產品提出很多問題，或是拿你推銷的產品跟其他的比，就說明客戶購買意向大，此時他正在思考該買哪一個。

從客戶話中「聽」出反對的真正理由

如果客戶說：「我覺得你的方案很好，但我們真的預算不夠。」你此時一定要沉住氣追問：「如果拋開預算，您會考慮我們現在這個方案嗎？」用這樣的提問，能夠挖掘客戶真正的動機：或許是方案內容不夠周全，他提出的「預算不夠」只是推拖的藉口。

從客戶話中「聽」出對方釋出的拒絕訊號

如果客戶說：「這麼忙還讓你特地跑一趟，可惜今天我實在找不出時間，請你下次再來吧。」越是如此客氣的話，越表明客戶是在委婉地拒絕。

從客戶話中「聽」出他對你的印象

你在聽客戶的意見時，他若說「對，對。」並點頭回應時，說明他真心贊同你，你可以說：「您說得對！」這樣會讓他知道

你明白他的立場。為了讓客戶感到自在，最好連呼吸節奏、說話的語氣和速度，還有身體的姿勢也都調整成與對方同步。如果你們這種同步的聊天能持續下去，說明客戶對你這個人還是認同的，此時你再尋找機會提產品。

5. 認真傾聽，在客戶講中知其性格

「謝謝，你們公司的產品很好，但我們公司真的不需要。」

業務員吳樂天第二次走進客戶公司時，他一進去，客戶就說了這句話。

「說謝謝的應該是我。」吳樂天說，「打擾您了。」

見吳樂天這麼客氣，客戶的語氣有點緩和：「我也不是抱怨你們這些業務員的。我上次在別家公司進的那批貨，跟你推銷給我的產品一樣，說實話，那品質問題，我真不敢恭維。」

「讓您受損失了。」吳樂天禮貌地回答。

「受損失倒在其次，關鍵是員工不滿啊，你想啊，我們這是發福利給員工，理應讓員工高興，可是發下去後，大家都埋怨，說那產品用過後如何如何不適。我跟那個業務員打電話時，先是不接，後來他的手機乾脆關機，你說我還敢相信這些上門推銷的人嗎？沒買之前，說得天花亂墜，錢到手後就消失了。哪管我們客戶的感受。」客戶說到這裡，看看一旁安靜聽

講的吳樂天。

此時的吳樂天微笑著，聽得非常認真，見客戶看他，他禮貌地用眼神示意客戶講下去。

「但員工們還是希望，以後公司再發類似的福利時，產品品質可以好一點，哪怕價格高一些也無所謂。」客戶意味深長地說，「現在上門推銷的人多，但都不負責任，我們都想了，實在不行，去商場買，雖然多花錢，但起碼品質上出問題了，能夠找到人。」

吳樂天已經從客戶說的話中聽出了「成交」的苗頭，原因如下：

一是客戶需要這方面的產品，但要保證品質；二是客戶不滿的是售後服務；三是客戶要的是一個「安全」感。知道了客戶的真實意圖後，吳樂天從以下這三方面向客戶保證：

一、在價格不漲的情況下，能保證產品品質價格；二、把自己的手機和公司客服電話留下，並承諾貨到後只收一半的錢，等客戶的員工認可了品質後再付剩下的一半。若客戶的員工不滿意，全部退貨。三、客戶若是對業務員的服務不滿意，可以打公司的投訴電話，到時在產品沒有用過的情況下退貨。

有了吳樂天這些承諾，客戶在考慮一週後簽了單。

言為心聲，人的表情能夠善於偽裝，但聲音卻無法掩飾其內心的真實想法。在業務過程中，業務員要想「猜」出客戶真

實的想法，就得促使客戶多講話，把自己當成一名聽眾，知道客戶的想法後，你再針對客戶需求推銷你的產品，讓客戶覺得是自己在選擇，按自己的需求在購買，這樣的方法才是高明的業務方法。

我們一定要記住，強迫業務和自誇的話只會讓客戶感到不愉快。必須有認真聽取對方意見的態度，不要中途打斷對方的講話而自己搶著發言。必要時可以巧妙地附和對方的講話，有時為了讓對方順利講下去，也可以提出適當的問題。

幾年前，我跟業內一位骨灰級的業務菁英聊天時，他對我說：「做業務彌補了我的性格缺陷。」

原來，他從小性格就內向，不敢在生人面前說話。做業務後，他的這種性格竟然造成了重要作用。當他聚精會神地聽客戶「滔滔不絕」地講話時，他心裡記下了客戶無意中說出的許多寶貴資訊。

「聞其聲，辨其人，識其心。還要記住，當客戶說話時，我們的眼睛要給予積極地配合。」他總結道，「這是我做業務做得好的祕訣。」

與客戶接觸，不能僅僅聽文字上的話，還要善於「聽音」。

聽人的聲音，辨識其獨具一格之處，這樣能做到聞其聲而知其人，進而了解客戶內心的真實想法，那麼與之溝通就有的放矢了。

實際上，客戶說的任何一句話，只要我們認真去聽，都可能聽出某些道理，不可能毫無價值。但是，我們常常不在乎這些道理，卻斤斤計較於對方表達時的態度和語氣。換句話說，我們不認真聽客戶在講什麼，卻十分介意對方是怎麼講的。

事實上，客戶的很多心思，都是透過「說話」暴露給我們的。越對我們有用的話，越容易引起我們的反感，所以，此時，我們要耐著性子，仔細地去聽。

聽話聽音的學問，我們可以從下面這個歷史故事中獲得啟示：

宋太祖即位以後，手握重兵的兩個節度突然起兵反對朝廷。為了平息這場戰爭，宋太祖經過了很長時間的艱苦鬥爭。

這件事帶給了宋太祖很大的警示，他找到宰相趙普商量對策。趙普說：「藩鎮權力太大，就會使國家混亂。如果把兵權集中到朝廷，天下就會太平無事了。」

趙普的話，堅定了宋太祖削弱地方諸侯兵權的決心。

幾天以後，宋太祖在宮裡舉行宴會，邀請了石守信、王審琦等諸位元老。喝過酒後，大家開始無話不談。

宋太祖說：「沒有大家的幫助，我不會有今天的一切。但是，你們不知道，做皇帝也有許多苦衷啊，有時候還不如你們自在。說實話，我已經好久沒有睡過安穩覺了。」

幾位將軍知道宋太祖話裡有話，就詢問其中的緣由。宋太

祖接著說：「人們都說高處不勝寒，我站在很高的位置上已經感覺到寒意了。」

宋太祖的話讓石守信等人大驚，他們這才知道宋太祖是擔心有人篡位。為了表示忠心，他們急忙跪倒在地，向宋太祖發誓，自己是何等的忠於他。

宋太祖搖搖頭說：「你們和我南征北戰，我自然信得過。但是如果你們的部下為了攫取高位，把黃袍披在你們身上，會出現什麼情況呢？」

石守信等人聽到這裡意識到大禍臨頭，他們只得求饒：「我們愚蠢，沒有過多考慮，請陛下給指條明路吧。」

接著，宋太祖讓他們做地方官，添置足夠的房產安度晚年，最終消除了大家的兵權。

石守信等人從宋太祖的談話裡，聽出了他對皇權的擔憂，以及殺機四起的危險，於是他和幾個將軍主動讓出了兵權，保全了性命。

這就是歷史著名的「杯酒釋兵權」，石守信他們能夠交出兵權，是因為他們都有能聽出宋太祖弦外之音的智慧。同理，與客戶交往，業務人員也不能只注重表面的言辭，而要聽懂客戶的畫外音，才可以準確拿捏客戶的心理。

聲音詮釋客戶內心的一種表情。這是因為，從本質上說，聲音會隨內心變化而變化，並時刻反映出人們的心境。所以，

語音的高低、強弱、快慢、粗細等特徵，來發覺客戶的真實意圖。請看表 4-3。

表 4-3　透過客戶的聲音發覺客戶真實意圖

1	內心平靜，聲音也會心平氣和。	客戶說話不緊不慢，代表他內心平和，成竹在胸。與他們打交道，一定要循序漸進，不可冒進。
2	內心清順暢達時，就會有清亮和暢的聲音。	客戶心裡沒有煩心事的時候，他們的聲音也會清麗動人。這時候你與他們談生意，會事半功倍。
3	說話速度快的人，大多都是能言善辯的人。	這種人思維縝密，頭腦反應快，因此，他們會在口頭表達上非常流利，聲音氣勢如虹。這說明他們內心把所有問題都考慮清了，沒有任何顧慮。
4	速度慢的人，則較為忠厚、實在。	說話不緊不慢的客戶，內心比較淡泊，不會為了私利失去底線。與這樣的人合作，往往沒有負擔和憂慮，因為他們往往能真誠待人，少了斤斤計較的盤算。

6. 辨別真偽，客戶言談中透露其心機

　　幾年前，我的一位業務員在「透過言談識別客戶的心機」這個主題上分享他的親身經歷：

　　去年兒童節那天，他和愛人帶著孩子到公園去玩，有一個年輕女孩拿著一些宣傳冊走過來，她一邊把手裡的宣傳冊強行塞到我和愛人手裡，一邊滔滔不絕地講了起來。

　　她的語速很快，讓他和愛人插不上一句話。

　　等業務員說完後，不等他們表示，又問道：「大哥大姐，

現在我們公司辦特價活動，你們買的話能打七折。」

他和愛人面面相覷，別看業務員講了半天，我們聽完後也沒辦法搞明白，她讓我們買的是什麼產品。

這時孩子吵著要走，他和老婆就敷衍了業務員幾句話，離開了。

晚上回家後，愛人閒來無事，開啟帶回家的宣傳冊，看過後對他說：「今天那個業務員，原來是推銷環保玩具的。我們不是早就想給孩子買嗎？」

「她說得那麼快，不讓我們說話，誰知道她要說什麼？」他說，「我們還是在網上買同款的玩具吧。」

一個優秀的業務員，從來不是一個健談者，恰恰相反，做業務，你要學會當一個聽眾。耳朵才是通向客戶心靈的路。

客戶是否接受你推銷的產品，都會毫不保留地說出來。這是因為，作為賣方的客戶，買不買產品，純屬自願。這不像是向朋友講隱私，沒必要對你藏著掖著，只果你是一個好的傾聽者，他們會毫無保留地把真實的話講出來。

十幾年前我曾經聽過一個金牌業務大師的課，他說的一句話，讓我至今都忘不掉。他說：

「我們做業務的，要以『聽』為主。等客戶問你時，你再回答。這種互動給客戶的印象最深，同時對你講的產品更能在意。碰到不愛說話的客戶，你要善於用話來引導他們說話。要

注意的是，在跟客戶溝通的過程中，業務員談話時間不能超過五分之二。」

某公司的業務員，他跟了一個潛在的大客戶半年多。但這個客戶就是遲遲不下單。有一天，這個客戶約他見面，見面後，小石沒有像以前那樣催他簽單，而是帶著他去工廠參觀了生產工廠，接著帶他又到各個部門看了看。

小石心裡明白，他是想看看我們公司的實力。

中午一起吃飯時，小石依然沒有提簽單一事，聽他講自己為什麼對產品品質要求高的原因，他講了很多，從他的第一桶金到現在創辦的公司。

「我的公司在十年前險些破產，就是因為進的一批貨有問題。事後我去過那家公司，原來是一個地下工廠。從那以後，我再也不敢輕易相信在電話裡向我許諾的業務員的話了。」他說道。

小石靜靜地聽著，當他從客戶的話中聽出客戶的擔憂後，心裡暗喜。

「這次他看過我們公司的規模和實力了。」梅超想，「應該放心了。」

果然，當他講到小石他們公司的產品時，開始侃侃而談，整個氣氛很愉快。

中午吃完飯我們一回公司，客戶讓小石做一份報價單，做

好小石後，客戶直接確定數量，當場付了定金。

在業務過程中，盡量促使客戶多講話，自己甘願當一名聽眾，並且必須有這樣的心理準備，讓客戶覺得是自己在選擇，按自己的意志在購買，這樣的方法才是高明的業務方法。

作為業務員，我們必須有認真聽取對方意見的態度，不要中途打斷對方的講話而自己搶著發言。必要時可以巧妙地附和對方的講話，有時為了讓對方順利講下去，也可以提出適當的問題。

這就好比我們去醫院看醫生，醫生必須傾聽我們到底哪裡不舒服，都有什麼狀況，才能給我們對症下藥，這樣才能藥到病除。如果醫生不好好聽我們說話，很可能就不知道我們到底是什麼病，這樣就會耽誤治療。

做業務，你要會當一個聽眾，在傾聽的過程中，業務員要分清主次，著重把握客戶語言中的問題點、興奮點、情緒性字眼，這樣才能更好地了解客戶的所思所想。

當我們在拜訪客戶時，與客戶最好的溝通，就是做一名忠實的聽眾，多聽少說。即使到了非說不可的地步，也要說得到位。

一位朋友公司的業務總監，一連四年，他的業務業績都在三千萬元以內。他的故事經常被我朋友帶到我們喝茶交流會上分享：

這位業務總監性特別向，口才好，在公司裡很活躍。剛來公司時，他為了管住自己的嘴，每次跟客戶溝通時，他會事先做好拜訪前的準備工作。

　　有一次，他被公司派到南部見客戶。出差前，他先是對客戶的企業進行了詳細的了解，比如客戶方的採購負責人、決策者、該企業的市場業務情況、該企業的資信情況，甚至於企業是哪一年創辦的、企業的巔峰時刻等等，都了解得很詳細。

　　知道了這些情況後，他在見到客戶時，一旦出現冷場，他會用簡短的話來引出話題，而且大多是客戶喜歡講的話題。

　　拜訪客戶時，我們要想讓自己做一個好聽眾，就得有明確的拜訪目的。這樣才能讓你在跟客戶交談時，不會喧賓奪主，誇誇其談。

　　另外，在跟客戶談話時，要結合客戶實際，要具體。最好盡量讓客戶說話，自己做一個忠實的聆聽者。透過客戶的嘴，了解客戶的心，同時還要善於聽客戶的「弦外之音」，做到心有靈犀一點通。

　　在跟客戶交談中，營造融洽的會談氣氛也很重要。所以，客戶無話可說時，業務員要主動向客戶提問。想辦法拉近與客戶的距離。業務的最終目是實現業務，滿足客戶的需求。

　　人們常說，溝通創造價值。業務員耐心聽客戶講話的過程，也是雙方不斷溝通的過程。其中溝是手段，通是目的。通

就是客戶被你影響了，甚至達到了業務目的，就是通了。總之，在跟客戶互動時，要盡量讓客戶多講，你多聽。

7. 聽聲識人，從客戶講話中了解資訊

我有一個忘年交的朋友，少時喜歡看周易八卦，中年後，幫人算命，很準。人稱「小諸葛」。上次我們組織跨界人才小型交流會特別邀請了他，他在活動上和我們分享了他為什麼「算命準」的原因，是借用跟客戶談話時耐心傾聽的技巧，即發現客戶的需求，然後引導客戶自己找到解決方案。

他總結說：「很多人找我算命時，不等我開口問，就急欲表達自己的所求，並把自己目前的處境、對未來的焦慮講出來。我做的就是開導對方，並且為他們設計未來構想……」

其實，不管是算命先生，還是我們業務員溝通，我們都在透過交流了解客戶的資訊，核心都是一樣的：問完客戶一個問題，要以專注的態度傾聽對方的回答。這樣既讓客戶有一種被尊重的感覺，又能讓客戶把寶貴的資訊流露出來。所以，我建議我們做業務的的，多向「算命」的人學習，學習他們有目的的問話，學習他們「聽」的策略。

上帝給我們兩隻耳朵，一個嘴巴，就是要我們多聽少講。業務員一定要記住，傾聽是跟顧客相互有效溝通的重要因素。

千萬不要在客戶面前滔滔不絕，完全不在意客戶的反應，結果平白失去了發覺顧客需求的機會。

劉念台是某公司業務部門的副總，他做業務員談的第一筆生意，就是在跟一位顧客交談時獲得的。

有一次，劉念台在跟顧客聊天時，顧客無意中說道：「你們公司新生產的這種裝置，我朋友去年就買過，價格比你們的還便宜。但因為品質不好，我那朋友退貨了。現在他正在為進不到品質好的裝置犯愁呢。」

劉念台甚感意外，他進一步問顧客，才知道，他們公司新生產的這批貨，之所以不好賣，是因為去年那家公司因品質不好，才影響到他們公司這批產品。

有了這個突破口，劉念台在向顧客推銷時，會強調產品的品質。並且做出產品有問題會給予賠償的保證。

那次的交易，劉念台不但讓顧客買了一套他推薦的裝置，顧客還把朋友介紹了過來。

這件事讓劉念台明白，在傾聽顧客說話時，要多留意他們說的每一句話。任何一個顧客，只要他願意跟你說話，就說明他有跟你合作的意向。

「現在這個時代，大家都很忙，若顧客不打算買你的東西，你就是說盡好話，人家也不會在你這裡浪費時間的。」劉念台總結說。

優秀的業務員有時就像優秀的醫生給人看病一樣，在確定病人的病情前，優秀的醫生一定會問病人許多問題。譬如：『你什麼時候開始感到背部落痛？』『那時你正在做什麼？』『有沒有吃了什麼東西？』『摸你這個地方會痛嗎？躺下來會痛嗎？』『爬樓梯的時候會病嗎？』……」我在「一姐業務冠軍特訓營上」經常和學員們一句一句解析這些神奇業務話術。

　　把業務員比作醫生。可能很多人都不理解，覺得業務員哪裡能跟醫生比啊，病人對醫生，那可是言聽計從。而顧客對待我們，是唯恐避之不及。

　　有句話叫「萬變不離其宗」。社會上的種種特殊行業善於借用神奇語言 —— 問問題蒐集客戶一手數據最後高效成交的故事。

　　下面這個故事中的主角，是從推銷鞋油起家的一位企業家：

　　有一次，他在大街上免費給人們擦皮鞋時，一位大叔問他：「小夥子，你能猜出我這鞋子的牌子嗎？」

　　他認出大步穿的是某牌鞋子，就隨口回答了。

　　「小夥子好眼力。我看你剛才擦了產品後，讓我的鞋子像新的一樣。看來，你們公司的產品確實不錯啊。」

　　他立刻來了精神，針對大叔的皮鞋，他小心翼翼地各種問：「之前你擦的什麼產品？」

　　「用那種產品後，鞋出現什麼狀況？」……

大叔很認真地回答他的問題那一刻，他覺得自己真的像是醫生在給病人對話一樣：一個耐心聽，一個認真說。

他終於悟出，用醫生的口吻跟客戶溝通，這些問話能使顧客像病人那樣，覺得受到了醫生的關心和重視，也使他樂意跟你密切配合，讓你能夠迅速找到「病」源而對症下藥。

由此來看，在業務的過程中把自己當成醫生，為客戶把脈後對症下藥，你的業務就能做到更和諧更高效。所以，業務員在跟顧客溝通時若能夠扮演好醫生身分，也會使客戶願意密切配合，進而迅速發覺客戶真正的需要而適時地給予滿足，這才是一位卓越的業務員必備的特質。

我一直認為，一個優秀的業務員，首先是一個會察顏觀色的人，他能夠從顧客言談中「聽」出寶貴的資訊。能夠把顧客言談中流露的寶貴資訊，你可以從客戶以下表現來視別客戶的潛在資訊：

▌ 第一個資訊：客戶向你認真地了解產品資訊

比如，購買意向較強的客戶會認真、仔細地詢問產品資訊，表現出擁有產品的設想。

▌ 第二個資訊：客戶在意產品的品質問題

顧客問：「要是產品出現品質問題，能不能退貨？」我們可以從顧客上面言談中透露出的資訊，發覺顧客的購買意向。

▌ 第三個資訊：客戶在你面前誇其他產品好

「我朋友說想某某車很實惠，看起來還不錯。」「我同學買了這件衣服，穿上去看起來很修身」等等，這些說話中都能流露出顧客的購買意向。

除此以外，業務人員還要多觀察顧客的表情動作，比如，顧客拿出電腦計算價格；業務人員介紹產品優點時，客戶點頭微笑，認真研究產品和產品數據，詢問細節上的一些問題等等。顧客的這些態度的轉變，都說明顧客正從觀望期到購買期態度發生變化。這時，你要做的就是多配合顧客。

第五章

有效提問，在一問一答中取得主動權

1. 有的放矢，向客戶提問要有目的性

　　行銷大師湯姆霍普金斯說過：有效提問是行銷人員與客戶之間最重要的溝通手段，有技巧的提問可以令每一個業務員在工作中都能夠達到事半功倍的效果。這是因為透過提問你不僅能夠讓客戶感受到被人所關注的優越感，還能讓你了解、確認客戶的需求。

　　你能對客戶有效提問，耐心傾聽客戶的回答，這就是在跟客戶建立一種信任關係。那些業務冠軍都非常講究提問方式，並對於不同類型的提問方式運用得心應手。

　　由於業務員的工作性質是把陌生人變成客戶，所以，業務員在把陌生人變成客戶的過程中，提問環節相當重要。可以說，業務員提問是引導客戶成交的好方法，業務員在向客戶提問題時，一定要做到有的放矢，也就是說，對客戶提的每一個問題要有目的性，這樣才會讓提問達到應有的效果。

　　田原是一家空調公司裡的金牌業務員，他從事業務行業近十年中，有 5 次打破了公司的業務紀錄，到目前為止，他的個人業務量在公司占總業務量的 40% 以上。

　　在談到成交的訣竅時，他說道：「我覺得我們做業務的在問客戶問題前，要多思考，比如，你打算如何透過問題讓客戶了解產品，或者是透過問什麼問題，能讓客戶對你業務的產品

感興趣。這些事先必須想清楚，爭取在向客戶提問時，讓客戶在回答你問題的過程中對產品產生認同。」

他認為向客戶提問的目的是要弄清客戶的需求。接著，他提到自己問客戶的話術：

第一步：帶有目的的提問：「您好！聽說貴公司要購進一批空調，能否請您說一下您心目中理想的空調具備哪些特徵？」

「我很想知道貴公司在選擇合作廠商時主要考慮哪些因素？」

因為他的這種提問必須直接，通常客戶會如實告之。

第二步：讓客戶感興趣的問題：「我們公司的產品在業內有口碑，您也是一個具有誠信的人，我們公司特想和您這樣有誠信的客戶保持長期合作，請問您對我們公司及公司的產品印象如何？」

他問這個問題的目的，既為自己介紹公司及產品做好鋪墊，又能引起客戶對自己所在的公司的興趣。

第三步：站在客戶需求的立場上提問題，這樣有助於他對談話局面的控制：「您是否可以談一談貴公司以前購買的空調有哪些不足之處？」

「那麼您認為造成這些問題的原因有哪些？」

「假如我們的產品能達到您要求的所有標準，並且有助於

貴公司的生產效率大大提高，您是否有興趣了解這些產品的具體情況呢？」

第四步：有目的地促進交易完成：「您可能對產品的運輸存有疑慮，這個問題您完全不用擔心，只要簽好訂單，一週內我們就會送貨上門。對了，您打算什麼時候簽訂單？」

第五步：這個問題奠定雙方長期合作的基礎：「如果您對這次合作滿意的話，您會在下次有需要時首先考慮我們，對嗎？」

從田原精心設計的提問中，我們可以發現，他的每一個問題提的都有目的，會讓客戶不由自主地跟著他的思路來回答問題。

有經驗的業務員在跟客戶溝通時，對客戶的任何提問都會緊緊圍繞著特定的目標展開，因為問題簡短而有針對性，不會讓客戶的思路天馬行空，想問啥問啥。由此來看，與客戶溝通過程中的一言一行都要有目的地進行，這樣你才會從客戶那裡獲取到想要知道的資訊。

所以，業務員在約見客戶之前，必須做準備工作，你問客戶的每一個問題，都要針對最根本的業務目標，同時，根據實際情況進行逐步分解，然後根據分解之後的小目標考慮好具體的提問方式。這樣制定出來的問題，能夠讓你循序漸進地實現各級目標。

一般來說，業務員向客戶提問題要達到以下目的：

▍第一個目的：透過提問得到你想要得到客戶資訊

最常見的目的之一就是透過提問獲得我們需要得到的資訊，透過分析這些資訊，我們能夠更好的了解客戶的一些狀況，為我們下一步行銷做好基礎。

▍第二個目的：透過提問來判斷客戶是否有這方面的需求

透過提問我們能夠了解到客戶是否對我們的產品有需求，這是我們提問的最重要的目的之一，因為客戶沒有需求，我們就是在浪費時間，有需求的話我們才有必要進行繼續的跟蹤。

▍第三個目的：透過提問引發客戶對你業務的產品的思考

提問的方式最容易引發別人的思考，同樣我們透過提問能夠引發客戶的思考，當客戶是深入思考我們的問題的時候，其實就是間接的灌輸我們一些產品或服務的時候，透過引發客戶思考得出來的結論，往往比我們給他的結論更加有效，更加讓覺得信服，因為這是他自己的結論。

▍第四個目的：透過提問讓客戶對我們加深印象

我們在會見客戶的時候，如果只是簡單的聊聊天兒就走了，那麼客戶很可能對我們沒有任何印象，如果我們提了一些非常有意思的問題，或者非常有用的問題，客戶肯定會對我們

的印象進一步加深，客戶能夠加深對我們的印象，就有助於我們進一步成交。

第五個目的：透過提問讓客戶發現公司的產品與其他產品的不同

透過提問的另一個重要目的就是讓客戶了解我們的產品，並且能夠成功與其他競品進行區分，進一步鞏固我們產品在客戶心理的空間，讓我們的產品占據客戶的心靈。

2. 提問有方，在對話中把握成交訊號

有經驗的業務員，都會在跟顧客的對話中，發現一些購買訊號，然後迅速地抓住此電動機，達到成交目的。可以說，顧客流露出的購買訊號，是成交的臨界點，如果把握不好，就會錯失成交時機。

唐文哲做業務半年了，業績一直不太理想。唐文哲性特別向，開朗熱情，能說會道，按說是很適合做業務的。

平時工作中，唐文哲的表現也不差，他跟客戶的通話時間比其他同事都長，每次都是快跟客戶簽單時，客戶就變卦了。為此，業務總監找唐文哲談話，唐文哲如實說道：「我在跟客戶溝通時，嚴格按照公司培訓時教的那樣一步步去問問題的。開始時客戶也樂意配合，可不知道為什麼客戶一談錢就消失了。」

總監幫他分析後才發現，原來，唐文哲雖然是按照業務話術來和客戶溝通的，但他卻不知道變通，比如，按照公司培訓的業務話術，在第三個問題時顧客就有購買的訊號了。可是唐文哲有時問到第一個問題時，客戶的回話資訊裡就有了購買訊號。但唐文哲還是不依不繞地問下去，最後導致客戶不耐煩；還有的時候，他問了客戶一堆問題，仍沒有得到任何有效資訊，是因為客戶對他教科式的提問反感了，沒有認真來回答他。

　　唐文哲失敗的地方就是在跟客戶溝通的時候，雖然準備工作很充足，但沒有學會見機行事，因為問題是一樣的，但客戶卻不一樣，也就是說，唐文哲沒有按照實際情況改變提問方法和提問內容，所以和客戶的溝通不在一個頻道上。

　　其實，善於提問的業務員會根據不同的客戶制定不同的提問方式，這樣才能夠做到提問有方，在與客戶進行溝通的過程中問的問題越多，客戶就會答的越多；答的越多，業務人員獲得的有效資訊就會越充分。

　　那麼，在業務過程中，業務人員如何才能合理提問、直切要害、戳中客戶痛點呢？大家不妨按以下三個步驟嘗試一下。如表 5-1：

表 5-1　業務提問有方的三個步驟

第一步	陳述一件無法被反駁的事實	第一個問題：金總，您知道的，文件列印在各行各業都是絕對必不可少的。
第二步	陳述可以反映出自己經驗與創造出信任感的個人意見	第二個問題：依我的經驗，有不少公司並不重視他們文件的品質與成本控制，因此，他們未意識到每一份他們所列印的文件送到客戶手上時，其實都反映了貴公司的形象與品質。
第三步	提出一個與前二個主題吻合，且可讓客戶盡情發揮的問題，讓客戶深思	第三個問題：您怎麼知道貴司的文件列印品質是不是確實反映出貴司的商業品質？

3. 巧妙式提問，激發客戶的好奇心

　　還有一種情況就是，業務人員在訴說的時候，需要採用一些詢問，同時，透過巧妙的設問，讓客戶慢慢進入到業務人員的業務思維圈。例如，「價格是很重要，但品質更重要，您說對嗎？」答案是肯定的，諸如此類的問題多了，客戶點頭的次數也多了，那麼，他們已經在不斷的接受業務人員的推薦了。

　　這類問題，有助於把客戶的思路引導到業務人員要推薦的焦點上，避免客戶在其他地方分心。而詢問句式建議採用閉合式的問題，這樣可以讓客戶更好選擇，同時也減少許多不必要的麻煩。

　　好奇心是人類的天性，是人類行為動機中最有力的一種。如果客戶對「你是誰、你能為他們做什麼」感到好奇，你就已經激起他們的好奇心了。相反，如果他們一點也不好奇，你將

寸步難行。

方有宜是某業務公司的副經理，有一次，一位跟公司合作一直很愉快的客戶，提出跟他們解除合作關係。這令他十分驚訝。因為這個客戶是他剛進公司時談的，可以說是老客戶了。

為了弄清楚原因，方有宜特意登門拜訪客戶。

在方有宜的追問下，客戶才講了實話。

原來，自從方有宜升任副經理後，他的客戶大部分分給了手下員工。這些新來的業務員在跟老客戶溝通時，會根據公司提供的話術向客戶提問題，以此方式來抓住業務的控制權。

他們的問題都是：「我們可以幫您省錢，您是否有興趣？」

「這就是您想要的一款嗎？」

「您的企業還需要什麼產品和服務？」……

客戶對方有宜說：「隔段時間就接到你們公司的這種電話，讓我不勝其煩。我覺得他們這些問題大而空，根本不能提出有效方案給我們。而且你們公司後來的產品服務跟不上，我們繳完錢你們的業務員態度馬上跟以前不一樣了。」

從方有宜客戶反映的問題來看，業務人員要想跟客戶成交，必須向客戶提出高品質、有效率的問題，才能向潛在客戶展示公司的資歷及專業水平。例如，如果是賣廣告的業務代表，你的問題需聚焦於潛在客戶的目標及挑戰，而不是中規中矩地問對方：「請問您有怎樣的廣告計劃，預算是多少」等等。

所以，業務代表要更深入地了解客戶，巧妙提問，盡量讓客戶回答你的問題，從而提出更具吸引力的方案。

德國物理學家沃納·卡爾·海森堡曾經說過：「大自然從不輕易洩露自己的祕密，她只會對我們的提問做出回答。」這個道理同樣也是用於業務過程中。客戶一般不會自己說出自己的真實需求，這就需要業務人員把握察言觀色的技巧，同時還必須學會根據具體的環境特點和客戶的不同特點進行有效的提問，盡量讓客戶回答我們的問題，讓業務人員能夠更多的了解客戶的需求，進而達成交易。

其實，業務就像開車：問題的提出者是司機，控制著業務過程的方向，而問題的回答者就是車上乘客。遺憾的是，很多業務員看錯誤地認為，只要他們按照話術問了，就一定能夠讓客戶順著自己的思路回答問題，並能促使潛在客戶做出決定。然而，隨著現代商業競爭的加速，很多客戶的見識都變得很越來越廣，你的一些問題會讓客戶越來越懷疑，導致客戶不停地對你發問。

一旦客戶反客為主地問你問題時，他就控制了整個業務過程，讓你在此次成交中變得非常被動。所以，在提問過程中，業務員可以從以下幾個方面來提問，如表 6-3：

表 5-2　激發客戶好奇心的提問方式

為客戶提供新奇的東西	人們總對新奇的東西感到興奮、有趣，都想「一睹為快」。更重要的是，人們不想被排除在外，這大概可以解釋為什麼人們對於即將發生的公告訊息總是那麼「貪得無厭」，所以銷售人員可以利用這一點來吸引客戶的好奇心。	比如，銷售員可以問：「近期，我們公司將召開一次大型會議，會上有很多利好消息要公布。這一年，你發展的好不好，這場會起到關鍵性作用。
不給客戶提供全部訊息	很多銷售人員花費大量時間來滿足客戶的好奇心，卻極少想過設法激起客戶的好奇心。	比如：銷售員可以說：「我們公司此次的新產品，不但把您上次提到的問題解決了，還加入了一些新的元素，相信會給您帶來意想不到的驚喜的，具體情況，您得親自看樣品。」
向客戶提出刺激性問題	人們總是對未知的東西比較感興趣。而提出刺激性問題會使客戶自然而然地想知道到底是什麼。	比如：銷售員可以問：「我能問個問題嗎？」人們除了對請教的問題感興趣外，還有好為人師的自然天性，所以，客戶會很自然地回答：「好的，你說吧。」
利用群體趨同效用	在拜訪客戶時，客戶往往會提前做準備，向你提出很多常見並棘手的問題，而且想透過你的回答獲取更多訊息。	比如，銷售員可以說：「這個問題對我們來說很常見，同樣我們會從專業的角度完善這個問題。在此之前，我已經為你的許多客戶解決了這些複雜的問題。」

　　最後要提醒的時，業務員在拜訪客戶時，要根據不同的拜訪方式，採用不同的策略來激發客戶的好奇心。

4. 互動式提問，讓客戶有參與感

　　說到「參與感」，小到孩子們做遊戲，看他們跟小夥伴玩遊戲時投入和快樂的樣子，就知道參與感的重要性了。或許遊

戲本身並非特別好玩，但孩子們對遊戲投入了感情，親身體驗了，就會樂在其中。對於客戶也是同樣的道理，在推銷產品時，想辦法附和他們，讓他們多講話，就會或多或少地讓他們投入一些感情，這樣就有助於後續的溝通了。

「參與定律」是非常符合人們心理需求的。首先人人都有一種渴望成功的心理，而當被給予機會參加到決策或者是創造中來的時候，每個人都會渴望自己的意見得到重視，自己的行動獲得成功，因此他們往往會採取積極的行動來支持、配合和執行公司的計劃與部署。

那些行銷做得比較好的企業，無不是利用了客戶的「參與感」。比如，商家的購物抽獎、買一贈一，或是銷費到多少錢贈送價值相應的禮物，這些遊戲其實客戶的勝算都不大，但是客戶參與感非常強，都會很願意參與的人，人都會支持他親自參與的活動或創造的事物，參與是支持的前提。只有親力親為，客戶才會心甘情願地為其操心。

小米公司聯合創始人黎萬強寫有一本介紹小米成功經驗的書，書名叫《參與感》，說小米與使用者做朋友，讓使用者成為粉絲，讓粉絲參與產品開發，讓粉絲成為專家的所謂的參與感。色哥認為說小米公司的成功是因為參與感這絕對是虛誇和誤導，但是小米的成功有參與感發揮的作用，這是毫無疑問的。說到底一件產品真正吸引人的只可能是價效比，而參與感則是一種推動力，一個助力而已。

對於業務員來說，讓客戶具有參與感，有很多方法。其中最為便捷和實惠的方法，就是巧妙地開啟客戶的心扉，讓他多講話，前提是，你如何做到讓客戶願意聽你的話。

舉一個例子：

有個老太太看到路邊有賣蘋果的，她沒有打算買，就上前習慣性地問：「你的蘋果怎麼樣啊？」

商販回答：「你看這蘋果又大又新鮮，保證很甜，特別好吃。」

老太太搖了搖頭，沒有說話，就向前走去，又看到一個賣蘋果的，就問道：「你的蘋果怎麼樣？」

這個商販回答：「我這裡有兩種蘋果，請問您要什麼樣的蘋果啊？」

「我要買酸一點兒的。」老太太說出了自己的需求。

商販立刻指著旁邊的蘋果說：「我這邊的蘋果又大又酸，咬一口就能酸的流口水，請問您要多少斤？」

「來一斤吧。」老太太買完蘋果繼續在市場中逛，看樣子她還想再買一些東西。

這時她又看到一個商販的攤上有蘋果，這些蘋果又大又圓，很扎眼，便問水果攤後的商販：「你的蘋果怎麼樣？」

商販說：「我的蘋果當然好了，請問您想要什麼樣的蘋果啊？」

老太太說：「我想要酸一點兒的。」

商販說：「一般人買蘋果都想要又大又甜的，您為什麼會想要酸的呢？」

老太太再次道出自己買蘋果的真實原因：「我兒媳婦懷孕了，想要吃酸蘋果。」

商販一聽，稱讚道：「老太太，您對兒媳婦真體貼，您兒媳婦將來一定能給你生個大胖孫子。前幾個月，這附近也有兩家要生孩子，總來我這裡買蘋果吃，你猜怎麼著？結果都生個兒子。您要多少？」

「我再來二斤吧。」老太太笑得合不攏嘴了，便又買了二斤蘋果。

商販一邊稱蘋果，一邊向老太太介紹其他水果：「橘子不但酸，而且還有多種維生素，特別有營養，特別適合孕婦。您要給您媳婦買點橘子，她一定很高興。」

「是嗎？好，那我就再來二斤橘子吧。」

「老太太，您人真叫一個好啊，現在像你這樣的婆婆真不多見了，您兒媳婦有您這樣的婆婆，真是有福氣。」商販開始幫老太太秤橘子，嘴裡仍然不閒著。我每天都在這擺攤，水果都是當天從水果批發市場批發回來的保證新鮮，您媳婦要是吃好了，您再來。」

「好的。」老太太被商販誇得那叫一個高興，提了水果，一

邊付帳一邊痛快地答應著。

同樣是賣水果的店主，但因為他們跟顧客說的話不同，得到的結果自然也不同。第一個店主都沒有讓老太太說第二句話，第二個店主稍好，套出了老太太的購買需求，總算讓她買了一斤，而第三個店主最高明，他先巧妙地探出老太太購買需求的原因，接著針對老太太的性格，用話引出老太太心裡想說的話。就這樣，老太太說的話越多，她透露的自我資訊就越多，最終讓她不但買了其他水果，還讓店主拉回一個回頭客。

作為業務人員，要懂得如何巧妙地用問題來引導客戶，讓客戶盡情地訴說，自己集中精力地去傾聽，並站在對方的角度全面了解對方所說的內容，了解客戶的想法和需要。記住，客戶在跟你講話時，說明他已經認可了你的話，所以才參與進來的。一旦增強客戶的互動，會讓他們更有參與感。

業務員要熟知顧客的購買動機，善於掌握展示與介紹產品的時機以接近和說服顧客，創造成交機會，甚至與客戶成為朋友，促進潛在客戶的形成。這就需要業務員懂得巧妙附和客戶。下面提供幾種能激發客戶參與感的方法：

▌方法一：引發顧客的興趣

向預計購買者說明本商場商品能夠滿足他們的需要以及滿足的程度使喚起注意。引發興趣的主要方法；對商場的貨品經常性地作一些調整併不斷的補充新的貨品，使顧客每次進店都

有新鮮感；營造新穎、有品味的小環境吸引顧客；當店內顧客較多時，選擇其中的一位作為重點工作對象，並對其提問進行耐心、細緻地解說，以引發店內其他客戶的興趣。

▌方法二：獲取顧客的信任

對企業的產品和信任可進一步導致購買者作出購買的決策，業務人員為限得顧客的信任，如實提供顧客所需了解的相關產品知識。談問題時，盡量站在其他人的角度設身處地考慮具有很強的說服力。尊重顧客，把握其消費心理，運用良好的服務知識和專業使顧客在盡短的時間內獲得作為消費者的心理滿足。在與顧客交流時，有效運用身體語言(如眼神、表情等)傳遞你的誠意。介紹商品時，以攻擊其他同類產品的方式獲取顧客對我們商品的信任，其結果只會適得其反，甚至使顧客產生反感的情緒。

▌方法三：了解顧客對產品的要求

業務人員在與顧客交談時，可以其購買動機、房屋居住面積、家庭裝修風格、個人顏色喜好、大概經濟情況等方面著手了解客人的選擇意向，從而有針對性的介紹商品。

▌方法四：抓住時機溝通

根據顧客不同的來意，採取不同的接待方式，對於目的性極強的顧客，接待要主動、迅速，利用對方的提問，不失時機

地動手認真演示商品；對於躊躇不定、正在「貨比三家」的顧客，業務人員要耐心地為他們講解本商品的特點，不要急於求成，容顧客比較、考慮再作決定；對於已成為商品購買者的顧客，要繼續與客人保持交往，可以重點介紹公司的服務和其他配套商品，以不致其產生被冷落的感覺。

▌方法五：引導顧客來消費

　　在顧客已對其較喜歡的產品有所了解，但尚在考慮時，業務人員可根據了解的家居裝飾知識幫助客人進行選擇，告知此商品可以達到怎樣的效果，還可以無意的談起此類商品的消費族群的層次都比較高，以有效促成最終的成交。引導消費最重要的一點是業務人員以較深的專業知識對產品進行介紹，給顧客消費提供專業水平的建議。

▌方法六：處理好顧客意見

　　在業務工作中，經常會聽到顧客的意見，一個優秀的業務人員是不應被顧客的不同意見所干擾的，業務人員首先要盡力為購買者提供他們中意的商品，避免反對意見的出現或反對意見降低至最小程度，對於已出現的反對意見，業務人員應耐心地傾聽，如顧客所提出的意見不正確，應有禮貌的解釋；反之，應有誠懇的態度表示感謝。

▌方法七：做好售後服務

售後服務是一個比售貨還重要環節，是企業與顧客處理好買家關係的很重要一環，他能建立消費者對企業的信任感，不但可以加強商家與已購買物品的顧客間的連繫，促使他們成為「回頭客」，同時老顧客也能影響到新顧客，開拓更廣市場。

5. 開放式和封閉式提問，輕鬆打動顧客

所謂開放式提問，就是答案不限範圍，完全放開。例如：「今天晚上我們去吃甚麼？」而封閉式提問，則是在一定範圍中提問或者在題目中有預設答案。例如你對朋友說：「我們今天晚上是吃西餐還是中餐？」

那些業務能力強的業務員，都能夠在客戶面前對這兩種提問方式運用自若：

我有個學員是公司的金牌業務員，他和客戶溝通時，對那種很挑剔的客戶，他會使用開放式提問：「我看您生活品質挺高，對商品要求也高，您覺得哪一種商品能夠達到您的需求呢？」

如果他和客戶已經就產品的問題交流了一段時間，彼此之間算是熟人了，為了控制討論問題的時間，他會藉機會使用封閉式提問：「剛才您了解的這些產品功能，您滿意嗎？」

業務高手在使用開放式提問和封閉式提問時會分場合，比如，如果是初次跟客戶接觸時，他們會選擇用開放式提問。因為這種提問是不限定客戶回答的答案，能給到客戶最大限度的自我發揮，業務員會在客戶自由回答中捕捉到客戶更多真實的觀點和情緒，以便更加了解到客戶的喜好。

　　需要提醒的是，業務員在運用需要開放式和封閉式提問時，需要注意如下問題：

▌ 第一個問題：提問題時要不卑不亢

　　業務員一定要記住，向客戶提問題時千萬不要做搶答。這需要你在提問題前就做好角色認定。你是提問方，客戶回答問題的一方。你提出問題後，要靜靜地等待客戶回話。就好比有人用商量的口氣詢問你：「您喝綠茶還是紅茶？」不等你回答，對方就端來了紅茶，這時你心裡會不舒服，覺得對方不尊重你。如果你提問後搶答客戶的話，客戶也是同樣的感受。

▌ 第二個問題：提問時不能連續使用封閉式提問

　　由於封閉式提問方式比較特殊，用不好會讓人有壓力。所以，不能連續使用封閉式提問，會讓客戶感到太有壓迫感從而引起客戶的厭煩。一般警察在審訊犯人的時候，經常會使用連續封閉式提問，這樣是為了避免讓對方談及無關的資訊並使對方產生被壓迫感，突破對方的心理防線，讓對方講出實話。業務員一定要謹記不能連續使用封閉式提問。

第五章　有效提問，在一問一答中取得主動權

第六章

拉近距離，

業務的高階策略是情感行銷

1. 真誠的讚美為你贏得客戶的好感

我們都知道，業務員用讚美的話跟客戶溝通，是獲取客戶好感的捷徑，能夠迅速拉近與客戶之間的距離，但有些時候，你對客戶說了很多讚美的話，他非但不領情，反而跑了呢？原因就是讚美客戶的話也要抓住客戶的痛點。

翁子晴是某圖書集團的業務員，她喜歡上門推銷。

有一次，他們集團新出版了一套少兒圖書。她在一個居民社區去做推銷時，看到一對長相帥氣的七八歲的男孩，從一樓的房間走出來，在社區裡玩。

她來到一樓的那戶人家前，輕輕地敲了敲門，很快就有人來開門，而且還聽到屋裡的人責怪道：「你們這倆個丟三落四的淘氣鬼，是不是又落下東西了。唉，什麼時候都不讓你們的老媽省心。」

門開了。

「太太您好，請問您的兩位帥氣聰明的公子是不是在上小學？」

「哦，是呀，你怎麼知道？」女主人滿臉狐疑地問。

「嘿，那麼好學的兩個孩子，我聽他們一邊走路一邊還講著他們今天學過的語文呢，其中一個抱怨說作文不好寫。」

「噢，那是我的小兒子，他一提寫作文就頭疼。」女主人笑

著說，「可他又不喜歡看同類的作文書。」

「很正常的。」翁子晴說，「我小時候和他一樣，也不喜歡看作文書，但我跟他有兩點不同，別看我是女孩，可我是個熊孩子，把爸媽給我買的作文書便宜賣給同學，你要問我為什麼這麼做？我可以嬌羞地告訴你，因為我寫的作文很好，一直是班裡的第一。」

「哈哈哈，你，你，是怎麼學的，快進來給我說說……」女主人熱情地邀請翁子晴進了門。

接下來的事情，不用我講，你們也一定猜出了，女主人樂呵呵地給孩子買了翁子晴推銷的那套精彩故事的少兒圖書。

翁子晴之所以得到客戶的好感，是因為翁子晴讚美的話抓住了女客戶的痛點，這個痛點就是讚美客戶的孩子。即使翁子晴此次不能順利地拿到訂單，但也多了一位潛在客戶─既然女主人有正在上學的兩個孩子，如果孩子想買書，早晚會先找翁子晴的。

但如果翁子晴直接問：「太太，請問你想買一套美麗的故事書給孩子嗎？」

女主人肯定會說：「不需要！」接著用力把門關上。

女主人在關上門的同時，翁子晴就等於失去了一個客戶。

由此來看，語言也是一門藝術，會說話的人，巧妙地調動聽者的情緒，讓聽者興奮起來，大聲笑出來，它足以說明善說與不善說的區別。從這一點來看，會說話的人與說相聲的人有

著異曲同工之妙。

相聲是一門語言藝術。我們不難看出，相聲也正是很好地利用了語言這種交流工具。我們業務員也是，話說得合適，不僅能展現出自身的專業和修養甚至高雅，同時還能夠很舒服地讓別人接受你的觀點或意見，快速建立親和力，以身邊的人甚至準客戶更願意接近你。

有諺語說：「與人善言，暖於布帛，傷人之言，深於矛戟。」優秀的業務員會讓客戶的疑慮通通消失，祕訣就是他們一說話就有濃濃的愛意，讓客戶聽後，感覺到他們說的話簡直就是能夠幫助別人解決困難的「活菩薩」。

有一次，一個客戶來到儲蓄所要開個戶，銀行工作人員艾伯森照例讓他填一些表。然而，客戶是個怕麻煩的人，他很多問題都拒絕回答。根據儲蓄所的規定，艾伯森有權向客戶下「最後通牒」，但他沒有這麼做，而是笑著對客戶說：「先生，你可以拒絕填寫的那些數據，並不是必須要填的。」

客戶得寸進尺：「我就說嘛，這些可以不填。」

「然而，」艾伯森禮貌地說，「假如你把錢存在銀行，一直存下去，到你不需要的哪一天，難道你不希望把這些錢轉移給你有權繼承的親屬嗎？」

「是的，當然。」客戶回答。

「難道你不認為，」艾伯森繼續說道，「將你最親近的親屬

告訴我們，使我們在你有事的情況下，能夠準確無誤地實現您的願望，這難道不是一個好的辦法嗎？」

「是的。」當這個客戶終於明白銀行不是為難他，而是幫助他時，他立刻把數據全部填好，還另外開了一個信託帳戶。

艾伯森之所以能夠說服客戶，是因為他在一開口中，就讓客戶感受到了「滿滿的愛」。

我們要明白，作為業務員，在去走訪每一個顧客時，並不是要求他們購買產品，而是向他們介紹或推薦一種對他有用的產品，是為他們「服務」的，就像醫生上門看病一樣，是給患者解除痛苦、帶去快樂！

所以，你要明白，無論你邁進哪個店面，是店主的福氣，因為你將給他帶來一些意外的驚喜，你將給他帶來便利或賺錢的機會。你手中掌握著公司的產品，對客戶來說，你是光明的使者，是愛的天使，能給客戶帶來生活上的便利！

當我們明白了這個道理後，在向客戶推銷時，要盡量把話說得有愛一點，舒服一點。

資深業務員張海濤每次走訪客戶，總會送給客戶一些自己設計的小飾品，有車鑰匙掛墜，有貼在手機上的「心形」圖案，有小孩子喜歡的彩貼、玩具汽球、圖畫書等等，無論什麼飾品，上面都會寫著：「xx，我愛您，需要幫助時隨時 CALL 我……」下面是他的手機號碼。

「您好，請收下我這份心意！」

當他帶著這些禮物帶著微笑，走到每一個熟悉的或是陌生的顧客面前，說出這句話時，脾氣再壞的客戶，都會忍不住好奇地跟他聊上幾句。

碰到帶著小孩的客戶時，他會彎下腰，把心形的汽球或是圖畫書放到他們手上，並說：「小朋友，一看你就是會玩的乖孩子！」「小朋友，你喜歡看故事書嗎？」

大量準客戶是業務的基礎，客戶是我們的衣食父母。雖然客戶最終買到的好像是有形的看得見的產品，但我們要讓顧客感受到他真正買到的，是我們的貼心服務、高度負責的態度和真誠的愛心，甚至獨一無二的你！你就是品牌！和你購買就是有面子！就是身分！

下面再為大家提供幾種讚美客戶的方法：

▌方法一：借用轉述來讚美

經旁人轉述而來的讚美是能令人高興的。轉述的讚美是雙倍效果的讚美，比當面直接的讚美更有威力、更有意義。

▌方法二：真心實意地讚美

讚美同微笑一樣，必須是出自內心的才能感動別人。真誠的讚美是實事求是、有根有據，為人們所喜歡的。如果你能以誠摯的敬意去讚美一個人，那個人就會變得更愉快、更通情達

理、更樂於與你合作。因此,業務員應努力去發現客戶的優點,真誠地對其進行讚美並形成一種習慣。

▎方法三:因人而異地讚美

讚美雖然是一種比較行之有效的方法,但也不能行之太隨意,在讚美時應看準讚美的目標,避免冒犯客戶。

▎方法四:具體熱忱地讚美

以具體化的語言讚美客戶能讓客戶感覺到你的真誠,例如:「你那篇文章寫得真好,特別是後一個問題很有新意。」「你這件衣服很好看,與你的髮型很相配。」「您的孩子長得真像爸爸,將來也肯定是個社會菁英。」「您的書架這麼大,藏書一定很多吧!」

▎方法五:比較性讚美

單純地讚美客戶的某些方面,客戶可能會不以為然,但如果你選擇客戶的某一個具體特點,與客戶熟知的人中比他更為成功的人做比較,突出讚美這個點,則會給客戶留下深刻的印象,也會激發客戶對你的親近感。

▎方法六:間接性讚美

在讚美他人時,並非越直接越好,有時間接的讚美更能打動人。例如,如果對方是位年輕的少婦,為了避免誤會,不如讚美她的丈夫和孩子,這比讚美她本人還要令她受用。

2. 親情式服務獲取客戶好感

　　所謂親情式服務，通俗地講，就是業務員對待客戶，要像對待自己家人那樣關心、愛護、牽掛，你在把客戶當成親人的同時，客戶也會把你當成親人的。這就需要業務員在接近顧客時，不能單單地為了簽單，更多的是讓自己的出現，對客戶有實質性的意義。

　　去過海底撈的朋友都會為海底撈極致的服務所折服，以致當人們提到海底撈時，首先想到的是「服務」，然後才是「火鍋」。

　　海底撈對每個顧客，不論貧富，不論身分高低，不論男女老少，都一樣當做家人看待，一樣給予無微不至的關心與體貼，提供一樣周到的甚至被稱為「變態」的服務。他們讓每個來這裡消費的顧客意識到了自己作為「家庭成員」所能享受到的溫暖與感動，體驗到了做家人的感覺。下面，我們來選擇一些網友在海底撈享受親情式服務的體會心得和感悟：

🔲 一網友說一次在海底撈吃完飯，要趕火車卻都打不到計程車。門口的小弟看到他帶著行李箱，問了情況轉身就走。結果緊接著海底撈的店長把自己的 SUV 開出來，說「趕緊上車吧時間不多了」。海底撈要衝出宇宙了。

🔲 海底撈的服務無敵了！今天救天井小貓被蚊子咬了好多

包！結果海底撈服務員居然跑到馬路對面買了綠油精送給
我 … 下面的是止癢藥也是服務員一起買來給我的，因為
藥店的人說那個止癢效果比綠油精好。

🔲 海底撈居然搬了張嬰兒床給兒子睡覺，大家注意了，是
床！我徹底崩潰了！為顧客解決每一個問題，結果就是
創新。

🔲 跟孕婦朋友去海底撈吃飯，剛坐下來，服務員就搬來舒服
的沙發椅，專門提供給她哦。然後立刻又貼心送我們一盤
酸辣口味的泡菜呀，要不要這麼 Sweet 呀！！！（教主親
身經歷）

🔲 剛接到朋友的電話，說他們公司樓下的海底撈跑到他們公
司去，一人發了一杯酸梅湯，說天熱辛苦了！擦！！！海
底撈，你是來消滅地球的嗎！？人類已經無法阻止海底撈
了！！以後看來找工作得選公司樓下有海底撈的地點，說
不定加班還送夜宵外加送你回家。

🔲 點名表揚海底撈送餐員馮波，頂著寒風為十人送來豐盛晚
餐，餐布，延長線，垃圾筒，電磁爐一應俱全。來後發現
餐點不夠，主動要去超市買菜，回來後洗菜，切菜。做到
這個地步了！怎麼我們家就沒有海底撈呢？

🔲 一小時前我發了微博說自己肚子很痛，不確定和昨晚的海
底撈火鍋有沒有關係。沒過幾分鐘就收到海底撈在微博上

的邀請，詢問我的情況。很快店員就連繫了我，說如果很難受就先去看病，他們給報銷醫藥費。還問我在什麼地址，他們可以過來看看我。額的天哪，人類已經不能再阻止海底撈了…

昨天在海底撈，無意中跟朋友抱怨網路上搶的奈良美智大畫冊怎麼還沒到貨，結果服務員結帳的時候問了我網站會員帳戶，今天一早三本大畫冊都送來了！

以上都是顧客對自己在海底撈就餐後的真實記錄。從顧客字裡行間，我們能感受到大家滿滿的感動。並且毫不猶豫地相信，這些顧客不但會自己再次光臨海底撈，還會帶著親朋好友去的。

正是海底撈式親情式的服務，才讓海底撈贏得了餐飲業乃至整個企業界的齊聲喝采 。在歷經二十多年的發展，海底撈國際控股有限公司已經成長為國際知名的餐飲企業。

如果業務員能夠像海底撈這樣對待客戶，那麼一定會贏得客戶的好感。

馬軍久有一個連繫了兩年的大客戶，馬軍久每次跟他預約見面時，都會吃個閉門羹。馬軍久沒辦法，後來他聽從主管的，以情感動這個大客戶。

有一次，馬軍久從客戶臉書得知他公司搬家，新辦公室需要裝潢，就主動打電話詢問。之前馬軍久從事過室內裝修的工

作，想以此為切入點跟客戶套關係。

馬軍久打完電話問道：「高總，看您臉書要裝潢公司了，您公司要租的辦公室位置，定下來了了嗎？」

客戶一口回絕：「不知道。」然後啪的一下就把電話掛了。

馬軍久就從其他合作夥伴那裡，打探到了客戶高總新辦公室的地址。馬軍久決定把客戶的拒絕當作邀請。

他用心地給高總發了一條訊息。簡單介紹了下自己以前從事過裝修行業，認識幾家資質好的裝潢公司，然後把這幾家裝潢公司的報價發給客戶，還根據自己的經驗，向他推薦了其中一家比較不錯的裝潢公司，又免費給客戶做了一個平面布局和報價可以供他參考，充當他們價格的磨刀石。

但高總沒有理他。馬軍久當天晚上直接打電話給高總，這次高總態度好多了，說辦公室已經租下來了，要等他出差回來後再定裝飾公司。接著發了他出差在外的地址給馬軍久。馬軍久立刻在社交媒體上囑咐對方注意安全，等他回來再連繫。

幾天後，客戶出差回來後主動打電話連繫了馬軍久，說是接受了他的建議，選擇了他推薦的那個裝潢公司，不過，他對所選擇的裝潢公司提供的設計圖並不滿意。馬軍久就旁敲側擊地問清了高總對裝修的要求。下班後，他搭車去了高總的新辦公室，又和裝潢公司的人一起討論、研究，重新畫了設計圖。

馬軍久利用兩個通宵才把高總的設計圖設計出來。

當馬軍久帶著設計圖去見高總時，高總以為馬軍久又向他推銷產品，令高總想不到的是，馬軍久沒有跟他推銷公司產品，而是把自己按照高總的要求設計的裝修設計圖拿出來，高總驚喜不已，這個裝修設計圖太符合他想像中的樣子了。

　　高總高興地說：「你太有心了，真是幫了我的大忙。今天我為了向你表示感謝，決定談談我們接下來要合作的事情。」

　　馬軍久透過自己對客戶雪中送炭式的關懷，逐漸贏得了顧客的好感和信任，讓客戶把他當成了自己的家人。不過，在跟客戶建立親情關係時，要有原則和方法，盡量做到以下幾點：

▍第一點：忘掉業務，才是最好的業務

　　把業務任務先放到一邊去，有意識的暫時放棄自己的業務身分，把自己當作客戶的朋友。當你模糊你和客戶雙方的身分界限時，在跟對方聊天時會比較自然、親切，讓對方很容易對你有好感 —— 業務就是締造關係 —— 先有交情，後有生意。

▍第二點：了解客戶的思維方式和生活趣味所在

　　業務員和客戶之間的溝通障礙，90%以上是因為雙方性格差距帶來的思維方式和生活趣味差別造成的。所以和客戶之間的溝通要從有效的問題開始，從了解客戶生活的時代背景開始，從客戶的親身經歷開始，逐漸導向當前客戶的所思所想、對未來的展望……從而透過談話對客戶有一個全方位的了解和把握。

▌第三點：學會揣摩客戶的心思

業務員可以透過不同方式來探索最適合的溝通方式。比如送給客戶小禮物他不高興，就說明這招不好用，那就要嘗試其他的方式。

▌第四點：真心讚美客戶

真心的讚美不是講奉承話，而是發自肺腑地給予讚美，比如，如果讚美客戶的眼光，或是對家人關心等等，會讓客戶對你產生好感。

▌第五點：尊重客戶，向客戶虛心請教

前面我們提到過，一定要尊重客戶。人人都希望獲得他人的尊重，客戶也不例外。實際上，每個客戶都有自己的勞動技能，有的還有其他擅長，甚至是絕活。業務員要經常恭敬的向客戶請教，這樣會讓客戶的自尊心得到滿足，因而對你產生好感。

3. 處處站在客戶的角度講產品

作為業務員，你要想的是：如何為客戶解決問題，才能讓客戶滿意。業務就是為客戶服務，如果你只是想著：我要賣產品。那麼，是不會受到客戶歡迎的。客戶都是獨立的個體，都有自己的想法，在面對客戶的自身看法及提出來的負面評價

時，如果你只是一味辯解與反駁，只會將客戶推離。試著與客戶站在同一角度，給客戶以認同，反而會得到客戶的信任。

優秀的業務員在跟客戶溝通時，會處處站在客戶的角度去思考問題。

小昆是售樓員，他有一個連繫了差不多一年多的客戶，是一對中年夫婦。小昆帶他們看的房地產自己都記不清了，可他們仍然在猶豫。有一次，客戶心儀已久的樓房開盤了，客戶來後，小昆又熱情接待了他們。

小昆像以前一樣，給他們耐心地介紹，他們終於看上了一款房型，但他們仍然拿不定主意購買，提出再考慮一週。

一週後，客戶來後對小昆說：「我們一直在關注房地產市場，這段時間很低迷，真擔心剛買房就降價，你也知道，房價要是降可不是幾萬的事情。」

小昆微笑著說：「我非常了解您的感受，房子的消費占我們老百姓的一大部分，包括我身邊準備買房的親戚朋友，都在糾結這個問題。這就好比我們到商場買東西，對需要的商品，再便宜再打折都不會買。但如果是需要的，比如米、麵、油，就是不價格高也會買的，您說是不是？我知道您們現在買房子是剛性需求，加上正好趕上活動了，優惠多，您現在不買，萬一房價上漲了就太不划算了。」

客戶覺得小昆的話有道理，當時就交付了頭期款。

小昆能成交客戶，是因為她跟客戶溝通是站在客戶的角度，首先她了解客戶怕房價下跌的心情，因為她知道客戶買房是剛性需求，所以，她站在客戶角度講時更能打動客戶。

　　業務員必須要認清，你與客戶之間是單純的交易關係，需要雙方從中都獲益，這才是愉快的交易。優秀的業務員都不會把「產品賣出去」放在第一位，他們最先考慮的是，怎樣走進客戶的「心」？當然是站在客戶角度去說了。

　　那麼，如何才能站在客戶的角度呢？先讓客戶感受到你的友善，知道你是來為他解決問題的。不能沒有底線地讓步，這會讓客戶懷疑你的報價，對你的誠信也就持懷疑態度了。真正品質好的產品，不是以降價來取悅客戶。客戶想要的也不是這種感覺，而是切切實實能創造價值的產品。所以，業務員對客戶進行情感行銷時要做到以下幾點：

▌第一點：讓客戶明白產品是自己的必需品

　　很多業務員在介紹產品時總是著重於產品的功能，以此來獲得客戶的認可，殊不知，客戶想要的並不完全如此。加強產品對客戶的側面影響，不要試圖改變客戶的認知。了解客戶的興趣和關注點，再慢慢帶入產品，讓客戶明白，這款產品是為他量身定製的，以此來達到共鳴。

▌第二點：給客戶足夠的時間來信任你

優秀的業務在跟客戶溝通時，都不會站在客戶的對立面，而是以平等的姿態跟客戶交談。當你總想著如何在最短的時間裡從客戶手裡賺到錢時，客戶看穿你的心思後，就不想與你好好說話了。所以，你要多給客戶時間去思考。

▌第三點：從客戶立場來考慮問題

通常情況下，很多人都認為業務員要說服客戶就會大力吹噓，水分很多，這樣的偏見一旦形成，客戶就會認為你說的話沒有可信度，對你疏遠。當你從客戶立場去考慮問題時，客戶會被你的真誠感動，把你當成自己人說出自己的真心話，交易自然容易達成。

4. 用禮貌的話拉近跟客戶的距離

W 是一家業務部的副總。二十多年前，他第一次上街頭做推銷時，看到一對夫婦帶著一個孩子在某商場的廣場上玩。孩子很頑皮，他就溫和地對孩子說：「地上滑，你這個小男子漢要注意一點啊。」

在跟客戶聊天時，他又談起了孩子。

事後他總結，孩子都是自家的好。特別是對於那種帶著孩

子的客戶，你就多聊孩子，順著客戶的話講下去。

就這樣雙方越談興致越高。因為聊得好，雙方還互留了連繫方式。在說到彼此的工作時，W 順便說了自己就職的公司，讓他們有需要就找他，於是他又順便說了要推銷的產品的功能性。

「跟客戶把感情談好了，也算是抓住了客戶的心。」這句話，在國外的業務界，更是成為業務大師們常用的推銷手段。

由於大多數客戶對業務均抱有牴觸心理，所以當很多業務員滿懷熱情地去銷售產品時，常常是剛開口就遭到了拒絕，那麼我們該如何做，才能避免一開口就遭到客戶的拒絕呢？

既然客戶強烈排斥業務，那麼我們也可以先保證不談業務產品的事，先爭取客戶的好感與信任，那麼再談業務就容易得多了。比如，我們可以這樣說：「我只占用您 10 分鐘的時間就可以了，與您交流一下，我保證在這 10 分鐘之內給到令你驚喜的行業最新資訊……」

美國著名的保險業務員喬‧庫爾曼在 29 歲時就成為業績一流的業務員。

有一次，喬‧庫爾曼想拜訪一個叫阿雷的客戶，這位客戶可是個大忙人，他每個月至少乘飛機飛行 10 萬英哩。喬‧庫爾曼在去之前，打了個電話給阿雷。

他在電話上說道「阿雷先生，我是人壽保險業務員，是理

查先生讓我連繫您的。我想拜訪您不知道可不可以？」。

「是想業務保險嗎？已經有許多保險公司的業務員找過我了，我不需要，況且我也沒有時間。」

「我知道您很忙，但您能抽出 10 分鐘嗎？ 10 分鐘就夠了，我保證不向您推銷保險，只是跟您隨便聊一聊。」他再次懇切地說。

「那好吧，你明天下午 4 點鐘來吧。」對方終於答應了。

「謝謝您！我會準時到的。」

經過喬‧庫爾曼的爭取，阿雷終於同意他拜訪的請求。

第二天下午，喬‧庫爾曼準時到了阿雷的辦公室。

「您的時間非常寶貴，我將嚴格遵守 10 分鐘的約定。」喬‧庫爾曼非常禮貌地說。

於是，喬‧庫爾曼開始了盡可能簡短的提問，讓阿雷多說話。10 分鐘很快就到了，喬‧庫爾曼主動說：「阿雷先生，10分鐘時間到了，您看我得走了。」

此時，阿雷先生談興正濃，便對喬‧庫爾曼說：「沒關係，你再多待一會兒吧。」

就這樣，談話並沒有結束，接下來，喬‧庫爾曼在與阿雷先生的閒談中，又獲得了很多對業務有用的資訊，而阿雷先生也對喬‧庫爾曼產生了好感。當喬‧庫爾曼第 3 次拜訪阿雷先生時，順利地拿下了這張保單。

業務員跟客戶見面但不談業務，可以避免自己的業務行為被客戶扼殺在搖籃中，而且也能了解到更多的客戶資訊。喬‧庫爾曼本著這一原則，在第一次見面中沒有談業務，從而消除了客戶的警戒心理，也因此確保了和客戶面談的機會，同時也贏得了客戶的好感。

　　所以，我們在第一次與客戶見面時一定必須注意以下幾點，如表2-2。

表6-1　第一次跟客戶見面時要注意的事項

1	遵守諾言，不談銷售	如果我們事先與客戶講好不談銷售，就一定要遵守諾言，除非客戶自己主動提出，否則不要向客戶口若懸河地介紹公司產品以及相關的內容。你一旦違反諾言，就很難再獲得客戶的信任了。
2	說話語速不能過快	語速不能過快，你說話太快，既不利於客戶傾聽和理解，也不利於談話的進行。因為語速太快會給人一種壓力感，似乎在強迫客戶聽我們講話。
3	別占用客戶太多時間	你跟客戶說占用對方幾分鐘的時間，就占用幾分鐘，盡量不要延長，否則客戶不但認為我們不守信用，還會覺得我們喋喋不休，這樣一來，下次我們再想約見客戶就很難了。當然，如果客戶談興正濃，提出延長時間，你要給予積極的配合。
4	從客戶話中了解有用的訊息	我們在拜訪客戶時，要盡量多委婉地提出問題，以此來引導客戶說話，這樣做的目的，一來是為了多了解客戶的訊息，二來是為了變單向溝通為雙向溝通，讓客戶由被動接受變為主動參與。
5	保持良好的心態	這裡說的良好心態，就是既不要給自己壓力，也不要給客戶壓力，保持微笑，獲得客戶的好感。一定要做到在承諾的短暫時間裡引起客戶的興趣、激發客戶繼續交談的意願，這樣能為自己贏得更有利的局面。

5. 以情動人，關鍵時刻「幫助」客戶

對於業務員來說，以理服人，不如以情動人。

每個人的需求都不一樣，有的明顯且容易發現，有的則潛伏得很深不容易察覺，有的時候聽眾自己根本沒有意識到自己有需求。這就需要你在與他們交談時，一定要談一些對方比較感興趣的問題，讓他感受到你的熱情，產生一種與你「想見恨晚」的感覺，拉近你們之間的距離。而一旦發現對方神色有異，或對你的話題表示出不感興趣的樣子時，便應立刻改變話題。

業務無難事，只要你善於站在客戶面前換位思考，同時耐心地幫助客戶解決問題，你的業務工作就做對了一半。

為什麼這麼說呢，我們來看看星巴克的老闆舒爾茨的故事：

舒爾茨說，他有一次去英國出差，在倫敦最繁華金貴的地段，看見在很多名牌店的中間，竟然夾著一個非常小的在賣最便宜的乳酪的店鋪。他很好奇地走了進去，見有一位長鬍子的老頭在整理乳酪，於是他問：「老先生，這裡是黃金地段，寸土寸金之地，您在此開店賣乳酪，賺的錢夠付這裡的房租嗎？」

這位老者朝他看了看，說：「你先買我十英鎊的乳酪，我再回答你。」

於是，舒爾茨買了十幾英鎊的乳酪。

這位老者也信守承諾，告訴他說：「年輕人，你走出我店門向外看一看，這條街上所有你看見的豪華店鋪基本上都是我們家的地產。我們家原來就是靠賣乳酪起家的，透過賣乳酪賺了錢。很多人賣乳酪，賺了錢就買些店鋪，這樣可以賺更多的錢。但我和我兒子現在還是賣乳酪，這是因為我們喜歡賣乳酪。更重要的是，這裡的客戶需要乳酪。這裡租金貴，很多人覺得不賺錢，所以沒人願意在這裡買乳酪，這裡的客戶都吃不到乳酪。我們在這裡開的這家唯一的乳酪店，不僅能解決客戶吃乳酪的問題，也順便賺了錢。」

這件事對舒爾茨觸動很大，做事業，除了愛事業外，還要耐心地幫助客戶解決問題。是堅持的理由。堅持做自己熱愛的事情時，這個世界上將不會再有難搞的事情。

我們做業務是同樣的問題，表面上看，我們做業務的跟著客戶轉，費盡口舌向他們推銷產品，每成交一單生意都很難很難，其實做起來很容易的，就是多換位思考，幫助客戶解決問題。

周英紅性格比較開朗，大學學的是旅遊管理專業，畢業後，她在一家旅行社做業務。她的第一個客戶是一位大媽。

大媽性子比較急躁，就報名參加的是去歐美國家旅遊，因為周英紅的嘴比較甜，她在講旅行團的優惠福利時，讓大媽聽

了笑得合不攏嘴。為此，大媽又幫她介紹了四五位客戶。

如果業務員的工作做到這裡，那麼無疑於周英紅的工作是完勝的。不巧的是，既然是旅行團，這和業務員推銷產品一樣，後邊需要大量的售後服務工作。一旦處理不慎，他們之前再配合默契，也都取消為零了。

周英紅心想：「這是畢業後的第一份工作，大媽是自己的第一個客戶，還拉來這麼多客戶給他，可別有什麼差池。」

真是怕什麼就來什麼。起初，大媽對這次歐美之旅十分滿意，可是，作為線下旅行社的老客戶，以往出境長線都是包含聯運的，而這次沒有。

大媽在得知行程中不包括從自己家裡到機場的交通時，非常不悅，帶著其他幾位大媽找周英紅抱怨，周英紅耐心解釋著，微笑著安撫她們。為了逗她們開心，甚至當著她們的面跳起了舞。

大媽多次跟她講過，說年輕人煩感他們跳土風舞。

周英紅這樣一跳，從另一方面表明她是支持並欣賞大媽們跳土風舞的。

看著把土風舞跳得彆彆扭扭的周英紅，大媽們感激她的良苦用心，算是被周英紅的服務態度和耐心打動了。

然而，一切並沒有想像中那麼順利。由於飛機出故障延誤，大媽她們坐的飛機，使得行程少玩了一天，直性子的大媽

暴跳如雷，打電話給周英紅，要求順延遊玩的時間。正在氣頭上的她甚至怒氣沖沖發來訊息給周英紅：「我看你是存心跟我添亂啊，我回去再給你算帳。」

看了微信，周英紅的小臉都嚇白了。很快，她就冷靜了下來。她心裡對自己說：「大媽越凶，我越要溫和，失去的那一天已然無法彌補了，要想盡一切辦法，用周全的服務會讓大媽的瀉火。你覺得委屈時，就換位思考一下，假如你是客戶，遇到了這種事情，怎麼辦？」

這麼一想，她開始尋找幫助大媽的方法，因為往返行程是確定的，無法更改。

等大媽們回國後，她親自接機，同時耐心地幫大媽們對接保險公司，提交各種數據，並且針對飛機延誤進行保險理賠。

大媽們沒想到周英紅服務態度這麼好，對後續事情處理得這麼到位，堪稱完美，這讓大媽們由恨轉為感激，大媽拉著周英紅的手，說：「小姐，你人真不錯，知道為我們著想，以後大媽會把合適的客戶介紹給你的。」

後來，周英紅說：「我按您說的把自己想成是客戶後，發現自己的工作做得非常不到位。我冷靜下來後，就找到了解決客戶問題的方法。在以後的工作中，我就抱著為客戶解決問題的心態跟他們溝通，沒想到讓我的工作越做越順。」

我從事業務工作以來，感觸最深的就是，做業務讓我學會

瞭如何做人，教會了我怎麼跟人打交道，這是因為我們在業務員工作中，會遇到形形色色、不同類型的客戶，為了與他們進行良好和諧的溝通，我們會不斷地完善自己的說話方式，為人處世的方式，也就是情商和智商都會隨著客戶量的增加不斷飛速提升。

不過，以我多年的業務經驗，客戶跟我們一樣，都不想找麻煩。所以，不管發生什麼事情，我們都要耐心地對待客戶、幫他們解決提出的問題。帶著一顆「愛心」來處理與客戶之間的關係，是我們解決所有難搞的事情的法寶。

6. 為客戶營造舒適的談話氛圍

有一次，我陪一位朋友到電腦專賣店買桌上型電腦，剛進去，就被一群熱情的業務員圍住，介紹他們店裡的電腦如何如何好。

面對熱情的業務員，朋友臉上卻沒有一點喜悅之色。他對我使了一個眼色，我們就找了一個藉口離開了。

接下來，我們又被好幾位口齒伶俐的業務員接待了，他們對我和朋友的問話給予了詳細的回答，可是，朋友卻一改來時「一定買台電腦」的決心，失望地對我說，如果沒有合適的，這次就不買了。

我問他：「怎麼沒有合適的？這麼多賣電腦的，你應該耐心地聽業務員幫你介紹啊。」

朋友無奈地說：「你說得沒錯，賣電腦的是不少，業務員也熱情，可是我聽不進去他們的話。不知道為什麼，我覺得聽他們說話非常不舒服，感覺他們的每一句話，都是衝著我們的錢來的，根本不在乎我們的需求。所以，每次聽他們說不了幾句話，我就想離開。」

朋友的話，讓我若有所思，我回憶剛才遇到的那些業務員，不得不說，他們有著較為專業的職業素養，有著迷人的口才，甚至於一度讓人有購買的衝動。可是，為什麼我的朋友卻有「聽他們說話非常不舒服」的感覺呢？

我分析後得出：是這些業務員在跟我們交流時，那副恨不得從我們口袋裡「搶錢」的迫切成交的態度。

這件事讓我發現，作為業務員，營造一種「舒服」的氛圍給客戶是最重要的。

王昱凱是某品牌酒廠的業務員，他陽光、乾淨、溫和又不失活潑，很適合做業務。

有一次，王昱凱到一個客戶的店裡，看到客戶櫃子裡並沒有擺放他推銷的酒。王昱凱心中不悅，當初為了讓客戶把酒擺在櫃子的醒目地方，他還特地在價格上做了很大的讓步。

一般的業務員遇到這種情況，可能會直接說：「老闆，您

看您賣我的酒時，我在價格上還讓了步，但是你都沒有在櫃檯上擺我的酒，讓我拿進去擺一下吧」

客戶一定會想：「你小子太不識相了吧，我的店面我的櫃檯自然由我作主，我想怎麼擺就怎麼擺，關你屁事！憑什麼擺你的酒，你說你在價格上讓了，我怎麼知道你沒有在其他的客戶那裡也讓了。再說櫃子這麼小，肯定是先放那些賺錢多的酒了。」

若客戶心裡這麼想時，斷然是不會讓業務員進去擺酒的。此時若業務員繼續勸客戶，就有可能讓雙方不歡而散。

我們來看看王昱凱是怎麼做的。

王昱凱樂呵呵地向客戶打過招呼後，一邊往店裡走，一邊說道：「老闆辛苦了，我這人閒不住，快過年了，我幫你收拾收拾吧。好讓你喜迎財神啊。」

他說著，把店裡的舊海報換了，又把空酒瓶整理一下，接著把貨架擦一擦。客戶看後，嘴裡連聲對他說著「感謝」。

王昱凱趁機說道：「老闆，櫃檯是我們店裡的形象。我已經把貨架擦乾淨了，再幫您把貨架上的酒重新整理一下把，您這櫃檯要是擺整齊還能騰出地方再放幾個品種呢！」

「你不嫌累就收拾吧。」客戶難得清閒，見王昱凱這麼熱情，也樂得順水推舟。

「櫃檯酒櫃上擺的酒因為是展示品，所以這些酒們也要注

意形象。經常不注意日期就會陳舊，老闆，我幫您看看吧，把日期舊的產品換下來，放到不顯眼的地方賣。」王昱凱說著，把自己公司的酒放在了顯眼的地方，「老闆，您看我擺得怎麼樣？」

客戶點點頭，說：「不錯，你們公司的酒這次換的新包裝還不錯。」

王昱凱達到了目的，仍不罷休：「老闆，這不是快過年了嘛，我把公司印的針對新年的海報，特意帶來一份給您，上面有新年日曆，還有『恭喜發財』，我再給您店裡掛幾個燈籠，讓我們店的生意紅紅火火一整年。」

客戶聽著王昱凱的話，臉笑成了一朵花。而王昱凱也在「說話」的過程中實現了此次「擺放自己公司酒」的目的。

這就是高明的溝通方式，讓客戶在你「舒服的談話」中接受你的「建議」。雖然你是在幫老闆，但你也在幫你自己。因為這種幫助是有目的的，會讓老闆更容易接受，然後你才有機會「動手」，只要有機會動手，你就能讓你的酒站在顯眼的位置，達到「熱銷」的目的。

我們身為業務員，跟客戶溝通時，能否讓客戶感覺到舒服，直接影響著我們的業務業績。那些會說話的業務員，甚至能夠讓跟產品毫不相干的客戶，都產生必然的關係。

在推銷過程中，優秀業務員的推銷魅力就在於，能在別人

認為不可能的地方開發出新的市場來。而這又取決於你跟客戶的溝通技巧。

「許多人都以為向客戶推銷，話越多越好。這麼想你就錯了。」這是師父的話。他認為，一個優秀的業務員，跟客戶推銷的魅力在於，話不能講得太多，而是要講到點子上。就像上面故事中的丙一樣，雖是寥寥幾句話，但每句話都讓客戶看到「商機」和「好處」。這樣的溝通自然會讓客戶感到舒服。

話多必失，這句話業務員一定要記住。

我有一位朋友講了他鄉下「話多多」堂叔，不但小孩不喜歡他，大人也不喜歡他。原因就是他到別人家串門時，說起話來沒完沒了。特別是到了晚上，即使你提醒他很晚了，我們要休息了，他也不聽，照樣滔滔不絕地說話，一點不在乎別人的感受。

就是他這樣的習慣，才讓他走到哪裡都不受歡迎。

業務員掌握好跟客戶交談的時間，在適當的時候告別，會給客戶留下好印象，達到交談的目的。如果只是一味地談話，忘記了時間，也會讓自己的魅力打折。這是很多成功人士在人際交往中的祕訣。

在業務中，業務員跟客戶交流的魅力就在於，讓客戶感覺到跟你的談話是舒適的、愜意的，這才是高明的情感行銷。

溝通，永遠都是這個世界上最重要的人與人之間的交往技

能。作為業務員，不管你是了解還是不了解，是陌生還是熟悉，都需要以溝通作為紐帶來進行人與人之間的感情，利益的連繫。那怎樣才能讓客戶喜歡我們呢，請看表 6-2：

6-2　讓客戶舒適的推銷方式

1	讚美的技巧	銷售員在向客戶推銷時，要懂得讚美的技巧。但讚美對方的行為遠比讚美對方身上的優點要重要的多。比如：如果對方是廚師，千萬別說：你真是了不起的廚師。他心裡知道會有更多廚師比他還優秀。但如果你告訴他，你一周中若有兩天的時間不來他的餐廳吃飯，渾身就難受，吃任何東西都沒有滋味。這就是非常高明的恭維。
2	客套話也要說得得體	客氣話是表示你對客戶的恭敬和感激，說得太過有奉承之嫌，所以一定要適可而止。比如：如果客戶是個老闆，你可以背著客戶對他的下屬說，我看你們老闆對誰都好，上次跟他一起出去，他對看門的老先生也很好。你不要擔心這話你的客戶不會聽到。 如果客戶是經由他人間接聽到你的稱讚，比你直接告訴他本人更多了一份驚喜。相反地，如果是你批評對方，千萬不要藉由第三者告訴當事人，以避免加油添醋。
3	面對客戶的稱讚，說聲「謝謝」就好	一般人被稱讚時，多半會回答還好！或是以笑容帶過。但是，當客戶稱讚你的服飾或某樣東西時，如果你說：「這只是便宜貨！」這樣的回答反而會讓對方尷尬，甚至讓對方覺得自己的眼光有問題。所以，不如坦率地接受並直接跟客戶說謝謝。
4	情緒是絕對的關鍵	在與客戶銷售溝通過程中，我們的情緒很重要，所以，當我們心情不好時，要學會先處理心情後處理事情，只有心情好事情才能處理好。

第七章

激發購買慾，

洞悉客戶眞實的內心訴求

1. 給予關心，找出客戶真實需求

在業務過程中，業務員是否知道顧客真正需要的是什麼嗎？而你要提供給顧客什麼呢？那麼對於顧客的真正的需要有人肯定會說：「顧客需要的肯定是有良心的產品」，也有人會說：「對自己有價值的產品」，其實這樣說也不完全是錯誤的。

有一年冬天，下著大雪，程曉寧應一個老客戶的要求，送貨給他，之後，他突然對程曉寧說，我們公司的產品價格貴，不好賣，讓程曉寧再帶回去。

如果換作一般業務員，在這麼冷的雪天被拒絕，況且這貨物還是他三番五次地打電話讓我送的。按說程曉寧即使不當場翻臉，也有權利抱怨客戶幾句。

但程曉寧不這樣想，他猜想客戶臨時變卦必定有原因，既然不方便說，定然有不方便說的理由，他這樣一想，沒有任何怨言，像以前那樣，跟客戶聊過後，就又帶著那幾箱貨，騎著機車離開了。

不久，程曉寧接到一個陌生老闆的電話，請他給送兩箱產品去。程曉寧去後才知道，這個老闆就是之前那個客戶介紹的。這個老闆說：「你以前的客戶是我老鄉，因為他家出了一點事，就暫時關了店門回家處理事情了，他走之前，把你介紹給了我。」

業務的過程其實就是業務員與客戶心理博弈的過程。從你看到客戶的那一刻，你就進入了跟客戶心理博弈的戰場。兵法云：「知己知彼，百戰不殆。」你要想順利地出售你的商品，就必須猜透對方的心思。

人與人不一樣，加之人心隔肚皮，真正猜透一個人的心思是很難的。人的心思為什麼難猜透，一是因為你是跟客戶陌生的業務員；二是人的防範心理使然，對方害怕上當。

但如果你出於愛，真正的為客戶著想的愛去猜對方的心思時，就會不由自主地站在客戶的角度看問題，設身處地地為客戶著想，我們就能從心理上去把握客戶的真正需求，以便更好地把握業務。

換句話說：不要僅僅把自己當作一個業務員，更要把自己當作一個客戶。

我的徒弟小王，人長的相貌堂堂，學歷很高，口才也很好，有一次，我陪著他去拜訪他的一位非常重要的客戶。

按照業務流程，我們在完成禮貌的寒暄後，我還沒坐下他就一本正經地開始介紹起公司的產品和服務。我看到這位客戶的視線漂移了好幾次，最後轉移到了樣本數據的後面幾行。即他最關心的重點是「這麼多生產產品的廠家，我憑什麼要選你們這個品牌」這個核心問題上。可是，小王完全忽略了，仍然津津樂道地按照前幾天新人培訓的課堂上教的流程一步步地介

205

紹著，渾然不覺對方的想法。

這時，我在他停歇的片刻及時打斷了他，對客戶說：「XX先生，我們知道您很忙，這樣吧，我們先給您留一盒樣品，您用的滿意，再連繫我們；用得不好，也請您連繫我們，因為我們想知道這產品會給您造成什麼損失。」

對方聽了，連聲說：「好的，好的，我會跟你連繫的！」

出了客戶的公司，小王百思不得其解，我告訴他，接下來和客戶互動時，必須用心聽和觀察客戶的情緒和動作，並且立刻回饋給我，然後按照我給他的節奏和話術來服務客戶，這個客戶百分百成交，成交後我會給他詳細分析，教會他業務的關鍵第一步。

「師父：好奇妙哦，我按照你教的，簡單明瞭地把我們的產品優缺點精準介紹後，他竟然答應先進一批貨試試。」小王對我說，「師父，我都不知道我們怎麼賣掉的。」

我先讓他親自感受一下當時客戶的感覺……然後引導性地問他此時最需要什麼？他馬上找到客戶的感受，我在總結說：「要想成為一名卓越的業務員，無論是探尋客戶的需求還是向客戶介紹商品，都要注意一點，要隨時洞察客戶的心理，根據客戶的心理變化隨時調整溝通方式。唯有這樣，才能讀懂客戶心靈，從而讓客戶敞開心扉，有了這樣的溝通氛圍，業務才有可能達成！」

在與客戶的交流中，業務員要從客戶的心理變化中確定，眼前的這個客戶究竟對商品的哪個利益點有興趣，而哪個利益點對他而言是可有可無的。你只有明白了客戶拒絕的原因後，才知道問題出在哪裡。

要想做到這一點，業務員就要根據客戶的心理變化來提問，並且學會問「有效的問題」。在展示數據時，懂得資訊的「有效呈現」；客戶心理發生變化了，要果斷調整介紹的重點，切合客戶的心理需求，這樣才能使每次業務拜訪都會有所收穫。可以說，誰懂得洞察客戶的心理，誰才能真正地找到客戶的真實需求，從而獲取客戶的青睞。

美國著名思想家、文學家愛默生和兒子，一起把一頭小牛往穀倉裡推。愛默生在後面推小牛的屁股，兒子前面拉栓牛的韁繩，可那頭小牛想的卻跟他們相反，它是偏偏不想進去，腿往後抻著，堅持不肯離開草地。

旁邊一個過路的女人看到後，過去幫忙，她伸出自己充滿母性的指頭，輕輕地放進小牛嘴裡，一面讓它吮吸，一面溫和地推它進入穀倉裡。

愛默生很驚訝地問原因時，女人笑著說：「我是用愛的力量推它進去的。你看這麼小的牛，可能還沒有斷奶，所以，我就伸出手指頭讓它吮吸。」

過路的女人為什麼能夠懂得小牛的心思，是因為她是女

人，是懷著一顆愛的心來猜小牛的心思的，所以，也就猜對了那頭小牛的心思。這個故事讓我們發現，只要猜對對方的心思，別說人，就是連動物都會乖乖地聽從你的調遣。這方法絕對值得你牢記心頭。

有經驗的業務員會有這種體會，所有的客戶在成交過程中都會經歷一系列複雜、微妙的心理活動，包括對商品成交的數量、價格等問題的一些想法及如何與你成交、如何付款、訂立什麼樣的支付條件等；而且不同的客戶心理反應也各不相同。在此，我把客戶的消費心理總結了一下，主要如下，如表7-1：

表 7-1　業務需要了解的客戶消費心理

1	我們必須100%地站在對方的角度，走進對方的世界，深入了解對方的內心對話。比如：晚上8點，一個業主被殺手追殺，業主如果大聲地喊「救命」，結局無疑是被殺死。因為這個業主沒有站在其他業主的角度去想問題，其他業主會因為顧慮自己的生命安全閉門不出！這個業主如果大喊「失火了！你們再不出來都會被燒死的！」一定能夠獲救！
2	我們對客戶要永遠不賣承諾，只賣結果。你的產品越靠近客戶想要的結果，你的客戶越容易產生購買行為！因為客戶要賣的不是你的產品，是結果！所以，講產品的特性、功能、優勢都是沒有用的！對客戶只講結果！只講客戶最想要的結果！比如，女人買化妝品不是為了「美」，而是為了姊妹們羨慕的眼光，為了留住好老公，為了趕走小三，為了吸引更多男性的目光！所以賣化妝品時，你先要告訴她你的產品就能幫她達到這3個結果！把90%的時間和精力放在結果上，只把10%放在產品上！
3	我們對客戶沒有銷售，只有人性。銷售的不是產品，不是服務，不是品牌，而是人心，是人性，是情感！比如床單的廣告：我們的床單可以讓你的老公想家！
4	對客戶有一個理由。不論你想要什麼，不想要什麼，你都會找到理由！任何事情的開始都會有個理由！必須要找到成功的理由！根本不要總結失敗的理由！必須要找到讓業績好的理由！根本不要總結業績差的理由！一個老闆的成功取決於他從低潮中跳出來的速度！

2. 合理引導，激發客戶的潛在需求

業務員的職業技能要求非常嚴格，之所以說嚴格，是因為業務員要考慮到客戶的方方面面，這樣才能在與客戶的溝通中，激發客戶的潛在需求。

眾所周知，市場是變幻莫測的，而客戶的需求也是在千變萬化的，或許他今天拒絕的產品，明天又會喜歡的。所以，業務員不要以為自己連繫的客戶一直在拒絕你，就失去信心了。縱觀中外那些頂尖業務員，他們成功的祕訣就是，不但能維護好那些沒有購買意向的客戶，反而會激發更多潛在的客戶。

當然，他們不會等著客戶需要了找你來買貨，而是主動激發客戶的潛在需求。

方陸海是一家裝潢公司的業務員，他從臉書看到一個客戶的公司要進行大規模擴張，建立更多的分公司。

這個客戶是某培訓公司的創始人，方陸海和這個客戶連繫了近一年，平時一直在跟他互動，但對方似乎對他們的代理的空調不感興趣，一直處於禮貌的拒絕階段。

方陸海仔細研究過這個客戶的公司，是做培訓行業的，以其目前的經營狀況，擴大規模是早晚的事情。方陸海想得沒錯，一年後，該公司就開始在本地建立更多的分公司了。

為了能和客戶套關係，方陸海又研究了客戶的嗜好。他發現客戶喜歡釣魚，每週都到效外去釣魚。於是，方陸海就打電話給客戶，說自己在遠郊的親戚開了一家農家院餐廳，還承包了附近的魚塘。因為親戚人力有限，想讓方陸海週末幫忙客釣魚。方陸海對客戶說，自己釣魚沒經驗，想讓客戶幫自己去釣魚，不付報酬，中午負責一頓飯，順便有一些好的建議要給客戶說，客戶欣然前往。

客戶果然是釣魚高手，不到中午就為方陸海的親戚釣了很多魚。親戚為了感激他們，特意備酒菜招待他們。

在吃飯時，客戶問方陸海：「現在可以把你的好建議講出來了吧？」

方陸海沒有回答客戶，而是問道：「我從您臉書裡看到，您們公司最近要擴大規模，您是怎麼打算的？」

客戶說道：「就是學生多了，現在的公司小，而且學員分布在城市的各個地方，應大家要求，要設幾個分部，來拓展更多的市場。」

方陸海又問：「以後公司規模大了，是不是要在不同的地方重新租辦公樓？」

客戶說：「那是自然了。」

方陸海問：「我想問問您，您對租賃的辦公樓的要求？」

客戶：「這個一時無法講明白，總之就是要交通便利，位

方陸海想了想，說道：「實不相瞞，我的手頭剛好有一些待租的**房源**，就是想問一下您對辦公樓的要求，從中尋找符合您要求的房子，看是否有合適的？」

客戶笑著問：「你們不是裝潢公司嗎？怎麼做起了租賃業務？」

方陸海說道：「我們公司在這行做久了，業內口碑也行，所以會有一些仲介連繫我們。對了，想必您早讓公司員工連繫仲介了吧？」

客戶笑道：「還沒有，我想現在仲介公司挺多的。」

方陸海點點頭，說：「市裡的仲介確實不少，但還是要提前連繫，如果到需要時再找仲介，臨時抱佛腳，會不會導致找的辦公樓不理想呢？」

客戶點點頭，說道：「哦，你說的也是有道理的。」

方陸海接著說：「特別是像您這樣的公司，現在都快一百人了，擴大規模後有可能就好幾百人了，在租辦公樓時，要事先算出租多大面積的，還要根據公司的人員要求來設計裝修事宜。」

客戶「哦」了一聲，又問：「今天你約我到這裡，就是向我提你這個建議？」

方陸海笑著說：「一般有遠見、有大格的老闆，對人才的

要求是舉人不避嫌，只要建議好，就會採納的，您說是不是？
我覺得您就是一個有長遠眼光和大格局的老闆，要不您的公司
能發展得這麼快，而且還發展得這麼好嗎？」

客戶哈哈大笑起來：「就你這一番激將話，是不是在激我
接受你的建議呢？」

方陸海連忙說：「哪裡呢，您可是做大事情的人，眼光、
主見、策略都是遠大的，哪能輕易被別人說服呢，如果您接納
了我的建議，那也是憑藉您非同尋常的判斷和眼光。」

客戶再次哈哈大笑：「不得不承認，你說的還真有道理，
我不能辜負了你對我的信任啊！。」

方陸海高興地說：「您放心，信任是相互的，我們同樣不
會辜負您的信任的。」

「我一會兒就把對辦公樓的詳細要求告訴你，你把我推
薦，一定下來，你們就幫忙裝修。」客戶伸出右手：「來，祝願
我們合作愉快！」

方陸海能夠激發客戶的需求，是因為他懂得合理引導客
戶。作為業務員，你必須要資訊流通，隨時掌握市場的新資
訊，關注新動態，方陸海就是很敏銳的從一個大公司的擴張訊
息中發現了對方的需求。

在約見客戶時，方陸海做得比較到位，他先是掌握了對方
的興趣所在，再禮貌的預約。更為難得的是，方陸海沒有像其

他業務那樣，向客戶講合作。而是等著客戶主動來問。然後從客戶公司的情況出發，先問對方公司的情況，這樣客戶就不知道他到底是要做什麼，如實回答後，他再順著對方的話，認真地分析，不是一種「我這裡有產品，你要不要？」的逼單狀態，而是「你需要什麼，我這裡剛好有」的慢慢契合狀態，一步步引導客戶進入主題，激發了客戶的需求，讓客戶有一種「眾裡尋他千百度，驀然回首，那人卻在，燈火闌珊處」的驚喜感覺。

每一個優秀的業務員，都具有大的規劃，即所謂的「放長線釣大魚」，他們對每一個潛在客戶都不會空空地等待，而是尋找一切機會來爭取。所以，業務員要樂觀地看待自己的客戶，明白你現在的客戶只是冰山一角，更大的市場還埋在水下，需要你用敏銳的眼光來開發。

總之，客戶就在那裡，客戶的需求也在那裡，關鍵就是看你會不會發現來搶得先機了。下面為你提供幾種激發客戶需求的方法：

▎多了解行業資訊，關注客戶的動態

作為業務，要清楚自己的工作性質和工作環境，多了解行業資訊，及時關注最新的市場狀況，不可固步自封，這個世界是瞬息即變的。同時，還要多關注每一個客戶的動態，客戶需要幫助時盡全力幫對方。

在關注行業資訊的同時，要篩選有效資訊

在關注資訊流通時，我們一定要知道我們客戶的需要是什麼，要敏銳的發現對我們有益的資訊，然後收集整理，建立檔案，以備不時之需。

深入了解客戶，藉機會激發其需求

我們要去激發客戶的需求，就一定要對這個客戶有深入的了解，一定要清楚客戶的需求在哪裡，這樣才可以慢慢引導，如果你去開發一個根本就沒有需求的客戶，那隻能是白費力氣。

在談話時，要以客戶為中心

需要提醒的是，業務員在引導激發客戶的需求時，千萬不要自己講出來，而是要以客戶為主，不要說你發現這個客戶有需求，就一個勁的推銷你的產品，那很可能把客戶的需求給壓下去，引來客戶的煩感。而是讓客戶占主動，讓他自己發現自己的需求後講出來。

慢慢引導，激發客戶的需求

在引導激發客戶的過程中，業務員一定要沉得住氣，每次說話前，都要三思而後行，千萬不要上去就想直達目標，要慢慢引導，一步步地把客戶引向他的需求上。

3. 善於觀察，摸清客戶的隱形需求

在業務過程中，挖掘客戶需求然後針對客戶需求制定方案是確保成交的關鍵一步，如果對客戶的隱性需求挖掘不夠深入的話，業務人員很難給客戶提供合適的產品，即使客戶最終真的購買了，也很難將訂單金額做到最大化。

說到客戶的需求，我們先要了解一下顯性需求和隱性需求的概念。所謂顯性需求，就是客戶很清楚自己需要什麼，帶著期望來的；所謂隱性需求，就是客戶不願意透漏給業務人員的，不過，有時候，客戶自己也沒有意識到的需求，或者客戶帶著目的來，最終的目的是找到更優的方案。

金園是某商場女裝專櫃的櫃姐。有一次，她看到一個小夥子在看一件女性上衣，就熱情地問道：「您好，這是店裡昨天新進的款式，這個顏色和款式很適合二十五歲以上的女性。」

小夥子有點尷尬地問：「那這個款式的有沒有紫色的？」

金園說：「這款就這一種顏色。」看到小夥子臉上呈現失望，她連忙問：「是這樣的，根據我的經驗，來買這個款式的衣服，大多是三十歲以上的職場女性，您看，這衣服的款式和顏色是百搭，既可以居家穿，又可以上班穿。所以價格也相對貴一點，物有所值嘛。」

小夥子如實說道：「我女朋友大學畢業半年了，一直找不

到合適的工作，每天都不開心。還好下週她有一個重要的面試機會。但她平時很節儉，不捨得花錢買一件好衣服，我想買一件高級的衣服讓她面試時穿。正好這週六是她生日送給她，我覺得這衣服的款式是她喜歡的，也適合她，就是顏色有點老氣。」

金園立刻提議道：「這件衣服雖說品質好，但確實如您所說，可能與您女朋友的氣質不符。俗話說，人靠衣裝，您可以再加一點錢，來買這邊的套裝。顏色有您想要的。您不要擔心買回去女朋友不喜歡，我們這裡七天包換、包退，只要您注意讓您女朋友試穿時，別撕毀標籤就可以了。」

小夥子如願地拿了一套紫色女裝。金園趁機又問：「找工作面試，形象很重要，我建議您再為女朋友挑選一雙配這衣服的鞋子，這樣面試成功的機率更大。」

小夥子欣然同意。於是，在金園的推薦下，小夥子又買了一雙鞋子給女朋友。

業務員要摸清使用者的隱性需求，有時候是一件挺微妙的事情。比如上面的小夥子，說是需要一件女性上衣，歸根結柢最深層次的需求可能是他心疼女朋友，或是希望幫助女朋友盡快找到工作。所以，才選擇在女朋友生日時，為女朋友買衣服的。由於金園善於觀察，她透過詢問，終於發現了小夥子的隱性需求。

一般來說，很少有客戶是對自己要購買的產品有著非常精準的描述的，就需要我們去分析和引導，來摸清客戶的隱性需求。

優秀的業務員都能透過觀察來看出顧客的心理。然後在與顧客的簡單攀談中，發現顧客的隱性需求，從而更好地促進交易。

業務員在摸清顧客的隱性需求時，需要做到以下幾點：

▌對客戶要多問、多觀察

要知道能了解到顧客的隱性需求，就需要善於發問，善於觀察，雙管齊下。具體操作如下：

一是先要了解客戶的需求。業務員透過提問等方式，準確了解客戶對產品的需求。了解客戶基本需求是業務人員與客戶第一次接觸首先要明確的問題。然後再圍繞客戶所需要的產品展開介紹和宣傳。

二是獲取客戶資訊，深入挖掘潛在需求。業務員在跟客戶聊天中，要學會從客戶買的現在的產品來獲悉內在的需求，比如，上面提到的小夥子表面是給女朋友買一件上衣，但是他的潛在需求是想幫助女朋友，讓女朋友盡快找到心儀的工作。他的潛在需求與外在表現出的需求的連線理由是「我女朋友最近在找工作，她找到工作就開心了」。為了潛在需求的達到而想方設法幫助女朋友。

三是要引導客戶的需求到自己的優勢上來。在業務當中，產品的專家就是業務人員，產品是他們每天都在接觸的對象。他們對於自己產品優缺點的了解，勝於客戶的了解。

▎對客戶要多提供建議、選擇

　　業務員在摸清了顧客的隱性需求之後，再根據顧客的情況，給出相關的建議，來讓顧客選擇，一定要記住，你給的建議必須符合顧客的胃口。

　　顧客拿起一把芹菜問道：「請問芹菜多少錢一斤？」

　　店主說道：「您好！今天是週末，需要改善生活，芹菜可以乾炒，清淡又有營養。」

　　顧客遺憾地說：這樣配確實不錯，只是，我不愛吃芹菜，主要是我老公愛吃。

　　店主沉思，她說這話的意思就是來為老公改善生活，那麼她想吃什麼呢？

　　店主邊稱芹菜邊說：「芹菜倒不貴，您買這把才十塊。您買了給老公，自己也要買點愛吃的菜啊。女人，要懂得愛惜自己不是。只有自己好了，才能更好地照顧家人。」

　　顧客笑了：「你真會說話，我愛吃葷菜。」

　　與此同時，店主看到顧客車筐裡有剛買的排骨和肉，就說道：「那就買點蓮藕，燉排骨、豬腳都好，或者買蒜苗、四季

豆炒肉，總之，肉類搭配的菜要多一些。而且你老公吃菜你吃肉，兩全其美。」

顧客高興地說：「好的，那你幫我把這幾樣菜都來一點。」

店主：「好的，您來得太是時候了，這菜都是剛上的，哦，對了，還有番茄和黃瓜，可以做個番茄湯，涼拌黃瓜。這些菜屬於瓜果，生吃也不錯。」

顧客立刻說道：「那好，都給我來兩斤吧。」

最後，顧客邊付帳邊心裡想，這個店主想得真周到，下次還要來這裡買菜。

你看，這就是高明的業務員，既賺了顧客的錢，還能讓顧客感激你，同時還讓顧客成為了回頭客。

▍幫客戶分析、給客戶暗示

有時候你摸清楚了顧客的需求，但不懂變通，不懂根據顧客隱性需求更好地給出建議，也是不會成功的。

王英的一位最好朋友家的孩子過滿月，她想為朋友的孩子買衣服，她的預算是 2000 塊左右。因為孩子的衣服都比較貴，她逛了好家兒童服裝店都沒有碰到合適的。這時她累了，心想逛完這一家買不到合適的，就下次再來。

她一進門，女老闆就熱情地迎上來詢問。王英就講了自己的需求。女老闆聽了問道：「您的意思是買禮物給朋友的孩子，

是吧？」王英點點頭。

女老闆就拿來幾本育兒書籍和 5 歲以下孩子的益智的玩具。對王英說：「既然是送給最好的朋友的禮物，咱就送一些實惠的。如果買衣服，孩子這麼小不一定合適，再大了又不一定能穿。如果買育兒書籍比較實用，能幫助新媽媽們更快更好的了解自己的寶寶，適應新的生活，很多新手媽媽的顧客都買了。這個益智玩具，是布書，材質是牙膠類，安全而且方便消毒。」

聽女老闆這麼一說，王英很高興，一問價錢，比自己預算的還少了幾百塊，欣然同意。

女老闆就是分析到了顧客的隱性需求。王英表明上是給朋友的孩子買衣服。其實最終的需求是，透過送禮物來促進朋友之間的感情。

而且這個禮物還是要可以表明心意的。更重要的是，女老闆摸清了這些禮物在客戶的預算範圍內。所以她輕易地把顧客抓在了手裡。

做業務是同樣的道理，不能單從表面追求答案。很多顧客來你這裡買產品，都是希望透過產品來達成他的要求。這時候就需要你一步步地深挖，去得知顧客最真實的感受和最迫切的需要。只有這樣，才可以對症下藥，幫助客戶做出明智的選擇。

4. 根據客戶需求，挖掘產品賣點

許多業務員糾結最多的問題是：「怎麼向客戶介紹產品，客戶才願意聽呢？」

他們說：「我們向客戶推銷產品的尺寸時，大多都是乾巴巴的數字，使用過程也是枯燥無味，在給客戶講解，他們都聽不進去，因為不懂，他們買了以後，又說我們做業務的沒有講清楚，就是忽悠他們的錢。」

其實這些問題很好解決，對於業務員來說，要想讓客戶清楚地了解產品，最好讓產品用故事的方式展示。

推銷大師喬‧吉拉德認為，人們都喜歡自己來嘗試、接觸、操作，這是因為人們都有好奇心。不論你推銷的是什麼，都要想方設法展示你的商品，而且要記住讓顧客親身參與，如果你能吸引住他們的感官，那麼你就能掌握住他們的感情了。

正是由於這個原因，喬在向顧客推銷轎車時，會先讓顧客坐進駕駛室，握住方向盤，讓顧客自己觸控操作一番。如果顧客的家住在附近，喬還會建議他把車開回家，讓他在自己的太太、孩子和主管面前炫耀一番，顧客會很快地被新車的「味道」陶醉。

根據喬本人的經驗，凡是坐進駕駛室把車開上一段距離的顧客，沒有不買他的車的。即使當下不買，不久後也會來買

的。新車的「味道」已深深地烙印在他們的腦海中，使他們難以忘懷。

實際上，每一種產品都有自己的味道，這與商場中寫的「請勿觸摸」的作法不同，這就是為什麼喬會在和顧客接觸時，總是想方設法讓顧客先「聞一聞」新車味道的原因。

要想讓客戶更快地了解產品，我們自己要先對產品的特徵、功能、用途、使用方法、尺寸、價格等，只要是客戶想知道的資訊，業務員都必須全盤了解，讓客戶確實明白其中的獲利，如此客戶才會下定決心購買。

每次我在向客戶推銷產品時，我會用針對他們可能提出的反對意見的故事作為開頭向他展示，客戶們聽後十分重視立刻認真凝聽我的故事分享。

我們業務員每天都要面對形形色色的客戶，他們大多是受過良好教育和具有更多需要的客戶。他們往往會向我們提出更苛刻的問題，並要求對他們所購買問題提供更加精確的解決方案。而且，在講究效率的時代，客戶也希望與組織良好、見多識廣、用策略思想解決複雜需求的業務員打交道。這就需要我們業務員更深層次地精通自己的產品。

客戶購買的是產品，所以他們最希望業務員提供有關產品的全部知識和效能。倘若一問三不知，那就很難在客戶心目中建立信任感，更別說將產品賣給客戶了。所以，一名業務員要

把自己對產品的介紹當作自己在戰場上的武器，好使的武器是贏得戰爭的重要條件。一名優秀的業務員應該致力於提高所推銷產品的品質，認真總結思考產品的優勢及特點，培養自身與產品的感情，愛上所推銷的產品。

業務員要想成功業務，就得根據客戶的需求，挖掘產品的賣點。一般來說，挖掘產品的賣點，可以從以下途徑去做，如圖 7-1：

圖 7-1　挖掘產品賣點的步驟

熟悉和了解自己推銷的產品的特點及優勢。

關注客戶的需求，不斷地改進對產品的優勢描述。

相信自己的產品是品質最好的。質優價格自然就高。

在保證產品品質好的情況下，還要保持產品良好的外在包裝形象。

5. 維護客戶利益，建立長久合作關係

陳洋濱在公司擔任業務快一年了，還沒有簽過一個大單。倒是有很多聊得不錯的潛在客戶，可他們都很精明，閒聊時都說得不錯，當陳洋濱一談正事要簽單時，客戶就找藉口拒絕了，說他們公司的產品價格高。

有一天，陳洋濱的朋友介紹了一個大客戶給他，要和他簽100萬的單子。」

但陳洋濱一點也高興不起來，反而覺得好糾結。

原來，陳洋濱費了九牛二虎之力談成的這筆大單，就在快簽單的前一天，他看到公司競爭對手的裝置，無論是在品質，還是型號等方面，都很適合客戶。其價格也比他們公司的低。

「你快一年沒簽單了，再不出業績，就是公司不辭你，你也不好意思在公司待了吧？」陳洋濱的朋友勸他。

「反正客戶又不知道這件事，你就裝作也不知道不就得了。」另一朋友給他出主意，「你這個單一簽，不僅為公司賺了錢，就你拿的分成，你半年不工作都夠了。」

陳洋濱有點動心，他甚至想到簽完這單拿了分成就走人。但他心裡也只是想想而已。他想：「做業務是為了錢，但不能為了錢不擇手段啊。如果我為了錢，從這家公司走後，再遇到

新的誘惑，又離職，十年後，我將不是一個業務員，而是錢的奴隸。」

陳洋濱決定如實告訴客戶，讓陳洋濱始料不及的是，客戶聽了他的推薦，十分感激他。雖然沒有跟陳洋濱簽單，但這個客戶幫陳洋濱介紹了很多朋友來合作。後來，客戶還成了陳洋濱的朋友。

做業務跟做其他事情一樣，跟人交往時，要善於為別人考慮。想別人所想，急別人所急，這種看似「吃虧」的做法，卻會讓你賺很多。

顧客是最容易感恩的，你為他們的利益著想，他們也會為你的利益著想。即使此次合作不成功，下次他們一定會找機會，甚至介紹親朋好友跟你合作的。

「以客戶利益為先，追求利潤次之」的原則，當二者發生衝突時，業務員要「毅然決然」的捨棄自己，來維護客戶的利益。也許你會覺得這有點傻，但是，這看似吃虧的做法，很可能會給你帶來意想不到的收穫：

管楓十年前開始做業務的，現在是公司裡年薪七位數的業務總監，他現在已經不出去跑客戶了。十年前他談的那些客戶，至今不但仍然在跟他合作，並且還時不時地把親戚、朋友拉進來。

管楓是怎麼不用放長線，就能釣到這麼多大魚的呢？

我們從他剛做業務時的一件平常小事說起吧。

　　管楓做業務前，曾經被一位業務員所傷。當時，他新裝修房子時，聽信了商場業務員的話，買的一款新式熱水器，從裝上那天起，就沒有不後悔過，不是這裡壞了，就是那裡出了毛病。打電話給業務員時，對方總是找各種理由推辭。

　　管楓一氣之下，換掉了這個牌子的熱水器，花錢買了一個品牌的熱水器。令他欣慰的是，他買的這個品牌熱水器，用了一年多，從來沒出過毛病。期間業務員多次打電話回訪，問他買的熱水器的情況。

　　從那以後，管楓的親朋好友一買熱水器，他就會建議他們買他用的品牌熱水器。順口會把那個品質不好的新式熱水器貶一頓。於是，在他的朋友和親戚圈裡，大家都知道了被他貶的熱水器是劣品，再便宜都不能買的；他用的那種品牌熱水器，再貴也得買。

　　這件事讓管楓悟出一個道理：最好的業務員，是多為顧客的利益著想，把服務做好。

　　管楓做業務後，他的工作理念就是多為顧客的利益著想。

　　第一天上班時，有個客戶一見到他，就把一張寫有購買產品要求和型號的紙條給了他。客戶問他有沒有這種型號的產品。

　　管楓看後，皺起了眉頭。幾經考慮，他對客戶說：「有是

有，不過，我在看了您寫在紙條上對產品的要求後，覺得您要的機型與實際需求的配置有些出入。當然，按照這樣的配置使用起來是沒有任何問題的，但問題是要達到好的效果，機器數量和機型容量都可以減少一些，這樣不但會讓您公司的投入的適當降低一些，在品質上還能達到更好的效果。」

客戶不解地說：「哦，是嗎？我們公司好幾個工程師都測算的。」

管楓心裡一震，但仍然沒有放棄，為了保險起見，他拿起電話，給自己公司的工程師打電話，講明情況後，工程師讓管楓把客戶寫好的型號和規格發過去，他過三天給答覆。

接著，管楓對客戶說：「我擔心您要的貨有誤，就讓我們公司的工程師幫著測量一下，三天後才能有回信，麻煩您與公司商量一下。如果您公司主管不同意，我們再另想辦法。」

客戶在打過電話給公司後，同意了。

三天后，管楓公司的工程師測量後發現，客戶那方確實測量有誤。等客戶來取貨時，雙手握著管楓的手，連聲說：「太感謝您了。其實我在這之前打過電話給很多公司，只有您處處為我們著想。我現在就簽單給您，並且，我們公司也決定，你們公司就是我們的長期供貨商了！」

管楓在工作過程中，一直這樣堅持站在客戶的立場想問題，始終以客戶利益為先的實際行動感動客戶，同時，也為自

己爭取到很多長期供貨的客戶。看來，當我們為客戶著想時，客戶的表現自然不會讓我們失望！

現實中，還有很多業務員不認同應以客戶利益為先的觀點，或者即使認同，但也沒有認真地去執行。他們的做法無異於經常把「上帝」掛在嘴上，卻沒有放在心裡和實際行動中，要知道，這樣的做法等於零。

只有真正維護客戶利益業務員，才能締造業務上的傳奇。

當你為客戶省錢時，客戶才會讓你賺錢。因此，當你與客戶溝通時，把自己和客戶拉到同一個戰線上。與客戶並肩作戰吧！你的目標不在是如何業務產品，而是如何讓客戶花最少的錢買最好的東西，一旦你這樣做時，就會發現身邊的客戶越聚越多，你們合作的氣氛越來越和諧，更讓人意外的是你還輕鬆地賺到了很多錢。

業務員若能以客戶利益為先，悉心地為其提供周到的服務和幫助，替他們解決問題和困難，你的客戶才會意識到你是在幫助他，而非只是想從他口袋裡掏錢，繼而降低心理防線，放心地接受你，增進對你的信任，這樣你同客戶的關係會更加穩固，合作也會更加長久的。

那麼，如何為顧客的利益著想呢？可以從以下幾方面去做：

▌第一方面：讓客戶明白購買產品給自己帶來的利益

業務員務必讓客戶明白，業務和客戶是一個利益博弈的過程，你們雙方是受利益驅使的。想要實現業務成功，業務員需要透過與客戶溝通達成雙贏。而產品既是實現利益的立足點，又是增進雙方感情的潤滑劑，業務員只有讓客戶明白購買產品為他帶來的利益，才能吸引客戶對產品的關注。

例如，當客戶對是否購買產品拿不定主意時，業務員就要誠懇地對客戶說：「這款產品能為您創造更大的效益，會讓您從中獲得巨大的利潤。」當客戶感受到利益的存在後，就不會心痛錢，從而增強購買欲望。這樣一來，雙贏就能得到進一步實現。

▌第二方面：讓客戶明白雙方合作的好處

在與客戶談判時，業務員要盡可能地讓客戶明白，你希望與他長期合作。長期合作，無論對客戶還是業務員本身來講，都有一定的好處。因為業務員開發一個新客戶，往往比接待老客戶費時費力得多；而對於客戶來說，對產品足夠了解與掌握也會為他們節省很多精力和時間，同時，還面臨著售後服務是否到位等等。

▌第三方面：讓客戶明白產品是自己的需求

在談判過程中，當客戶自我需求得到滿足以後，往往會主動做出成交決定。所以，業務員在向客戶業務產品時，要盡可

能地從客戶的實際需求出發，弄清楚他們需要什麼或者在哪些方面面臨難題，並採取適當的方法予以解決。

例如，在向客戶介紹產品時，你可以說：「貴公司對產品品質要求很高，而我們的產品也以優異的品質贏得了很多大型合作夥伴，相信我們合會非常愉快的。」

這樣不但讓客戶從這場交易滿足了預想的要求，還能為他贏得其他好處。他們大多會表現得更加積極，以一種「實現成交可以使我得到某些益處」的態度與業務員進行談判，從而提出成交。

6. 完美業務，一場雙贏的交易

無論是業務員，還是顧客，都在心裡認為，如果業務員成功地向顧客推銷出了產品，就等於是賺取了顧客的錢。其實這是一種錯覺。顧客這麼認為有情可願，但業務員若這麼認為，說明還沒有真正洞悉顧客真實的內心訴求。

雖說業務是一場跟顧客方之間的較量，但成功的業務絕不是隻業務員單贏的交易，而是一場能夠雙贏的交易。業務員從此交易中得到利潤，顧客用錢換來自己所需要的產品，可以說，業務在顧客急需的時候把產品賣給對方，應該是幫助顧客解了燃眉之急，等於是幫助了顧客，顧客也是受益的一方，

會讓顧客心存感激，這是業務的真正意義，也只有這樣的業務，才是業務的最高境界。

頂尖業務之所以能夠成功，就是因為他們做到了每成交一位顧客，都讓顧客感動、感激，有的顧客為表心意，還會幫業務員介紹客戶。從這一點來看，業務人員要先在工作中要有雙贏思想，就不能只為追逐自己的利益，把業務只為自己謀利的賺錢工具，而是當成一份事業來做，既要照顧到客戶的利益，又要感動客戶，客戶認可了你，你就算是在此次交易中實現了雙贏。

喬‧吉拉德剛開始買車時，老闆僅給了他一個月的試用時間，如果在一個月內沒有業務業績，那麼他就必須走人。眼看29天很快過去了，他依然一輛車也沒賣出去。

最後一天，他起了個大早，希望透過自己的勤奮迎來一張訂單。它到處去推銷，嘴都磨破了，但是到下班時間，依然沒有人願意從他這裡訂車。

此時，老闆向他發出了「最後通牒」：「我準備收回你的車鑰匙，你明天不用來公司了。」但是喬‧吉拉德堅持說：「現在雖然下班了，但還沒有到晚上12點，一天還沒有結束，我還有機會拿到訂單。」

老闆見他還挺執著的，於是便給了他一整晚的時間。

12點很快要過去了，喬‧吉拉德就這樣在車上坐等他的第

一位顧客。突然，車窗外傳來了敲車玻璃的聲音。是一個賣鍋的人，他身上掛滿了鍋，但他已經凍得渾身發抖，看到車內有燈，他就想問問車主是不是需要一口鍋。喬‧吉拉德見賣鍋人比自己還狼狽，於是，便請他到自己的車裡來取暖，並熱心的遞上一杯熱咖啡。同是天涯淪落人的兩個人，熱聊起來。

喬‧吉拉德問：「如果我買了你的鍋，接下來你會怎麼做？」

對方回答：「那我就繼續趕路，賣掉下一口鍋。」

喬‧吉拉德又問：「全部賣完以後呢？」

對方說：「那我回家再背幾十口鍋出來接著賣。」

喬‧吉拉德點點頭，說道：「不錯，鍋賣得越多，你生意就做得好，但如果你想使自己的鍋越來越多、越賣越遠，你該怎麼辦？」

對方想也沒想就說：「那就得考慮買部車了，不過現在我真買不起。」……

兩人就這樣越聊越起勁。天亮時，喬‧吉拉德買了賣鍋人的一口鍋，而賣鍋人則從他這裡訂了一輛車，提貨時間定在了6個月以後，訂單則是一口鍋的錢。

有了這張訂單，喬‧吉拉德被老闆留了下來。

接下來，喬‧吉拉德一邊賣車一邊幫賣鍋人拓寬市場。賣鍋人聲音越來越大，3個月以後，他提前提走了一輛小型貨

車。而喬‧吉拉德在後來的幾年時間也賣出了一萬多輛車，成為了老闆器重的人。

喬‧吉拉德能夠成為聞名全球的頂尖業務員，不是因為他有什麼業務技巧，也不是能說會道，而是他用自己的實際行動，給客戶帶來實質性的利益。

在一般人看來，喬‧吉拉德用一口鍋的錢來換他的轎車，是非常吃虧的。而且，喬‧吉拉德還幫賣鍋人賣鍋，則更是虧上加虧。可最後的結果，喬‧吉拉德是和賣鍋人一樣成為此場交易中贏的一方。也就是說，他們的交易，是雙贏的。

我們都知道，在業務中，利益的較量始終貫穿在業務的整個過程中，業務人員和客戶貌似是對立的雙方 —— 業務想推銷產品賺錢，客戶想低價或是花更少的錢買產品。如果兩人都不讓步，那就無法達成交易。

據此來看，業務人員要想打破這個局，就得從客戶的利益入手，也就是說，讓客戶先成為受益的一方。因為如果產品賣不出去，沒有業績，自己就拿不到提成，企業更是難以運轉。所以，那些優秀的業務人員都懂得，想要爭取自己的利益，就需要運用雙贏的思想，自己先讓步，透過為客戶創造價值，讓客戶看到自己可以得到利益。

這就是為什麼有些業務員在進行產品展示時，會告訴客戶產品能給客戶帶去什麼核心價值，在客戶有異議時，用產品可

能會給客戶帶來的好處來消除其異議，以此來爭取到客戶並維護好客戶。

業務人員是為了自己的利益向客戶推銷產品的，客戶也只會選擇能夠給自己帶來利益的業務人員的產品。

總之，業務的終極目標是雙贏，沒有利益的業務無法持續。我們為獲得提成，才做業務，而客戶為了自己的需求，才會購買價格適宜的產品。所以，業務的終極目標，是建立在業務員與客戶長久合作的關係之上，這樣既能實現完美業務，又讓雙方都成為業務中的贏家。

第八章
發現突破點，
抓住顧客「軟肋」促成交

1. 面對傲慢型客戶，以誠相待

半年前，鄭光信參加朋友的婚宴時，同桌吃飯的客人中，有個能說會道的大姐，她主動加了在場所有人的臉書，然後一個勁地勸我們看她的臉書。出於禮貌，大家在她的催促下開啟這位大姐的臉書，發現她是一個電商，專賣治療腳氣的藥。上面發的照片，大多是一些令人不敢直視的有著各種腳氣的光著腳丫的照片。在飯桌上讓大家看這樣影響食慾的照片，顯然有點不妥。因為我是這個行業的人，深知做這行的艱辛，所以，為了照顧對方的面子，鄭光信沒有立刻刪除她的臉書。

「你這人惡不噁心啊，在吃飯時，讓人看這樣倒胃口的照片？」

鄭光信聽到桌子對面的一個男人的聲音傳來，我順著聲音一看，是我們這桌的一位客人，此時，他氣勢洶洶地對著大姐說。

「兄弟，對不起啦。」大姐陪著笑，一臉歉意地說，「您一看就是見多識廣有教養的人，知道的事情多。您別看我年紀比您大，可我知道的比您少多了，我哪裡做得不對，還得請您多多包涵。」

「你說這是人家的喜宴，本來是歡樂氣氛，讓你這樣一攪和，多掃興。」發脾氣的大兄弟雖然臉仍有慍色，但語氣和緩

了很多。

「對不起啊。要不我說您這人有素養嘛。」大姐再次道歉，「以後我記住了。不好意思啊，這樣吧，我幫您把我的臉書刪除，不，加入黑名單吧。省得我這個做電商的每天發一些不好的照片煩到您。當然，聽了您今天的話，我以後會少發一些關於這方面的照片的。」

「這倒不必。」那位兄弟語氣變得溫和了一些，「你是做生意的，發這些是應該的。」

「謝謝，謝謝兄弟。」大姐連聲說道。

「你不要這麼客氣，不瞞你說，我和我老婆的腳……」大兄弟放低聲音，看看周圍，「等我晚上回家，我們一起看看你發的那些產品。」

大姐激動地握著大兄弟的手：「大兄弟，您別笑我直，我真的是第一眼看您，就看出您是有素養有涵養，也是識貨的人，不，是有內涵的人。」……

看著兩人談得這麼投機，有誰會想到，剛才他們之間的關係還是劍拔弩張。若不是親眼所見，親耳所聽，我無法相信，搞掂一個傲慢型客戶的業務語言，居然是這麼平常的言語，只不過，是被這位大姐謙虛謹慎地說出來的。

在工作中，很多業務員都不知道如何跟那些傲慢型的客戶打交道，因為這些傲慢型客戶態度冷淡，有時還會產品各種挑剔。

其實，我們業務員的職責是，熱情地對待每一位客戶，認真地接受他們的批評。一旦碰到冷淡傲慢的客戶，不要跟他們去做辯解，而是尋找合適的機會介紹產品。

這裡說的「守」，就是說在接觸冷淡傲慢型客戶的過程中，始終保持謙虛謹慎是業務人員必須要做到的。

除此以外，我們說話必須時刻注意，防止說錯話，多說客戶的優點，不要談論其缺點，以換取客戶的信賴。也就是說，對待冷淡傲慢型客戶要以誠相待、真心相對、謙虛謹慎，這樣才能獲得他們的信任。

張春華是一位資深業務員，他最擅長搞定的就是傲慢型的客戶，他說：「我分析過，別看傲慢型的客戶初看讓人感覺很煩，但只要你把身邊碰到的那些傲慢型的人性格分析一下，就會發現，這些客人在某些方面都有過人之處。」

張春華有一個客戶，在他們當地很有錢，對周圍的人一副盛氣凌人的樣子。跟人說話時，他總是高人一等，用貶低別人的話來抬高自己。對於像 Y 這樣的業務員，他更是瞧不起。

然而，在這樣一個時代，誰也不要把別人看得太輕，因為說不定你就有用得上人家的時候。

果然，那個客戶家要裝修，而 Y 正是某品牌地磚廠家的促銷員。

他跟張春華一見面，就說：「你這裡的地磚價格是天價，

怎麼看上去像垃圾站那裡丟掉的地磚？」

相信一般業務員聽到這句話時，即使能忍住不當面朝他發作，也會找個藉口打發走他的。心裡會想：

「你傲慢什麼啊，我又不吃你的喝你的，不就是買幾塊地磚嗎？能賺你幾個錢，我還不侍候你了。」

但那樣做，就不是張春華了。我們來看張春華是怎麼做的吧。

「大哥，瞧您說的。您以為這世界上的人都像您一樣，外表和內涵是一樣一樣的啊。」張春華禮貌地說，「老祖宗說了，海水不可斗量，人不可貌相。咱這地磚品質可是扛扛的。若您不信，您就在商場其他賣地磚哪兒轉轉，您認為哪家地磚品質好，等我有一天有房了，也跟著您買哪個牌的。咱不是能人，就跟著能人混。」

「你小子真會說。」他樂了，「過來，給我介紹介紹吧。」

張春華微笑著說：「嘿，大哥，就您這眼光，真厲害，以後我的目標就是攢錢買房，裝修時也買大哥看好的地磚。」

交易就在這歡快的氣氛中開始了。

張春華說：「我現在跟這位大哥成了好朋友，他經常把他裝修房子的兄弟們介紹到我這裡來。」

張春華認為，碰到冷淡傲慢型客戶時，可以採取禮讓的方式抬高他，使其產生一種自己原本是高貴的感覺。盡量去尋找

客戶令人喜歡的地方，盡量去習慣他的一切，不管怎樣，絕對不能對他產生任何偏見和不滿，否則你將更加不受歡迎。

不管是初次見面，還是已經見過面，遇到冷淡傲慢型客戶時，業務人員一定要注意自己的形象、著裝、舉止、談吐、禮儀等，以給客戶留下良好的印象，讓冷淡傲慢的客戶不會覺得雙方差異太大，突破第一關，為進一步溝通、交談打下良好的基礎。

在《傲慢與偏見》中的那個「傲慢」人物達西，出生於富貴之家，優越的家庭環境不僅塑造了他良好的教養、優雅的舉止，也同時培養了他傲慢的性格。但由於他具有知錯能改的優點，才讓讀者對他這一人物產生敬佩、崇拜之情。

業務員要降住傲慢型的人，也要具備兩點：一點是比他們某方面要強，讓他們要麼服你，要麼愛你；另一點是讓他們處處感到你很尊重他，在乎他。我覺得，我們做業務的人，都要具備這兩點，否則，就別來做推銷了。」

客戶形形色色、五花八門，各式各樣的人都有。有些人看起來和藹可親，而有的客人喜歡諸多批評，特別喜歡用別人公司的產品來批評我們的產品。

應付這類客人要避重就輕，切忌硬碰，接受客人善意的批評。假如批評是不合理但是無傷大雅的，可以輕輕帶過，假如是影響品牌形象的則要對客人禮貌的解釋。應對技巧就是要成

功消除冷淡傲慢型客戶的威風，首先需要把握此類客戶的心理特點，以便分析其冷淡傲慢的原因，採取相應的策略。

　一般來說，冷淡傲慢型客戶都具有以下幾種心理特點，如表 8-1：

表 8-1　傲慢型客戶心理特點

1	喜歡隱藏自己的缺點	冷淡傲慢型客戶都不喜歡別人談論自己的缺點，因此往往會給人冷淡傲慢的感覺，不讓別人過度接近，以防止別人看清自己的缺點。這類客戶害怕自己受傷害，不得不用某種方式進行自我保護，但同時又希望引起他人的注意，希望別人給予很高的評價。
2	貶低別人抬高自己	冷淡傲慢型客戶總是以貶低別人的方式來抬高自己，以「我並不比你差」這種感覺來彌補自身存在的自卑感，這種自卑感往往會使其產生貶低他人的心理。這類客戶自尊心特別強烈，他們是想透過和他人比較來找出自己的優點，由此來抬高自己，讓自己獲得情感和心理上的滿足。
3	感覺彼此興趣不同	冷淡傲慢型的客戶，總是認為自己是高一層的人，認為他人低自己一等而對別人不屑一顧。這種心態可能與其自己的性格和生活經歷有很大關係。

2. 面對精明型客戶，給他「便宜」

　傅管梅是某公司的業務總監，兩年前，她有一個客戶。在兩年多時間裡，就下過四次單，錢也不多，每次要貨最多時才要一萬多塊錢的貨，最少時只有幾百元的貨。當然，她並不是嫌棄他要的少，而是他砍價時的狠，每次他在我這裡要了報價後，會拿著報價單去問其他同行業公司。他有一次跟我說話時無意中向傅管梅說出來的。

傅管梅猜到或許是其他公司的業務員，沒有她這樣好脾氣吧，幾句話就打發了他，並不給他報價。所以，他只好就又來磨她，讓她給他便宜點。傅管梅只得一點點跟他降。每降一次價，她的心都痛一次，我雖然是業務總監，因保底薪資不高，全指望業務業績。而業績，是跟她的業務額掛鉤的。業務額多，拿的提成才高。他一再壓低價格，自然會影響她的業務業績。

然而，人就是這麼不知足。別看她一再按客戶的要求壓低價格，這個客戶還是覺得價格高。她就笑著對他說：「如果您覺得我的報價高，就去其他公司看看，去其他公司買。」

他氣咻咻地說：「你這是什麼態度，我是覺得你們的產品品質好，才來你這裡買的。」

她笑著說：「一分錢一分貨嘛，品質好當然要貴一些了……」說到這裡傅管梅忙摀嘴。知道他接下來要說什麼了。

果然，他還是那句老話：「這不，你都承認貴了，我以後不會去別的地方進貨了，就在你這裡，給我再便宜一點吧。」

她就這樣被客戶一點點地「砍」著價，在她降了五次後，客戶才答應先進五千塊錢的貨。她心裡暗暗高興，幸虧他要得不多，否則自己賺得更少了。

看到他這麼低就把產品賣出去了。主管還以為是多厲害的客戶呢。讓傅管梅更頭疼的是，每次這位客戶來提貨，會像魯

迅筆下的豆腐西施一樣，順手捎走一些東西。比如其他樣品啦，或是其他器具的樣品，你一不留神，他就拿走了。

傅管梅告訴他不能拿時，他立刻指責我：「哎呀，你們這麼大一個工廠，為這個賣不出去的樣品還跟我斤斤計較啊。」

她不想再說他了，覺得再說的話，又會換來他的數落。

令傅管梅鬱悶的是，一到業務產品的旺季，他就來湊熱鬧，本來她的訂單就多，很忙。他還在這時來添亂。先是要幾千元的，接著要幾萬元的，拖著不付款，拖延貨期。

傅管梅一再對他說：「現在是旺季，我忙，貨也短缺，你再不付錢，我就把你的貨給別人了。」

這一席話，又會讓傅管梅招來他的一頓「痛批」。

傅管梅的客戶就屬於過度「精明」的客戶。俗話說，常在河邊走，哪有不溼鞋的。我們做業務的，遇到的客戶形形色色，而喜歡占點小便宜，是人性的一個特點。不光是我們的客戶，就連我們自己，都喜歡得到「免費的午餐」或是天上掉餡餅時，能掉到我們「嘴裡」。

我們理解了自己，就能理解客戶了。在業務時，我們可以巧花心思，滿足一下客戶愛占小便宜的心理，讓客戶開開心心地享受我們的服務，然後再快快樂樂地花錢，我們也在這歡樂的氣氛中低調地賺錢。此舉正應和了老祖宗那句「和氣生財」的話。這是多麼美的事情！

如何對付這種「精明」客戶呢？可以借鑑下面這個業務員的方法：

　　楊過開著一家男女牛仔褲專賣店，他在布置店面時，頗費了一番心思。

　　他的店裡，除了品質好的牛仔褲外，還陳列著各式各樣的物品：有女孩喜歡的各種小飾品、小掛鏈，有男士需要的打火機等等。物品很多，使得他的小店顯得有點擁擠雜亂，但他的生意卻非常好。

　　一個賣牛仔褲的店，擺這麼多其他小商品幹什麼？用他的話回答，就是：「專給那些愛占便宜的客戶留的。」

　　或許你會問：「給客戶買這些商品，不賠錢嗎？」

　　楊過的回答是：「客戶買的牛仔褲價格幾千元，你再給他搭上這些幾塊錢或是十幾塊錢的小飾件，顧客自然會高興的。賠當然不會，只不過是少賺一點。」

　　有一次，一對情侶到楊過店裡買牛仔褲。

　　這對情侶顯然是一對「精明」到極致的客戶，他們在跟楊過砍價時，不直接在價格上砍，而是針對牛仔褲的做工、色澤以及產地加以挑剔，其挑剔的話讓楊過都招抵不上。

　　「我這裡是專賣店，不講價格的。」楊過說。

　　「我們喜歡這個牌子，不在乎價格，但你總得讓我們心理平衡吧。」女客戶回答。

「哥們，告訴你吧，我們是這個品牌的老主顧。」男客戶說。

「這樣吧，您們先看看其他牌子的。」楊過說。

雙方就這樣互不相讓地交涉著，最後，三人都累了。暫時息了戰。

女客戶去看那些小飾品，男客戶則坐下來喝杯茶。喝了一口，他發現茶的味道非常好，便忍不住問楊過：「這杯茶裡用的是什麼茶葉？」

聽客戶說茶好喝，楊過根據職業習慣，猜出客戶也是一位愛喝茶的人。就投其所好，立刻拿出一包茶葉慷慨地送給客戶。同時，楊過又送給女客戶看中的一個飾品。

客戶意外得到楊過的餽贈，自然覺得占了便宜，接下來便談得很順利，交款時客戶也很痛快。

實際上，這是楊過對付「精明」客戶的一種策略。

「要想讓客戶有一種占便宜的感覺，就得對客戶投其所好。」楊過分析，「如果客戶是帶著老人或是孩子一起來的，那麼我可以送的東西就更多了。但我是不會主動送東西給客戶的，這會讓客戶覺得來得太容易而不懂得珍惜。我要等著他們看中了店裡的某一樣東西提出要求時，我才故作『慷慨』地送給客戶。」

事實上，很多客戶在買牛仔褲之前，會先看看這些擺放的

東西，然後再問楊過，如果買了牛仔褲，可以送點什麼給自己。因為客戶感覺自己在楊過這裡花了大錢，總得有點什麼東西贈送自己吧？

楊過就是利用人們這種想占小便宜的心理，故意不說出是贈品，而在客戶提出要求後裝作是「慷慨」地送給客戶。

久而久之，這些小飾品竟然成了處理楊過和「精明」客戶尷尬處境的潤滑劑！

在這種情況下，客戶反而覺得是自己占到了便宜。

楊過在店裡擺滿各種小物品，是充分地利用了客戶喜歡占小便宜的心理，使客戶非常爽快並且十分開心地成交。雖然客戶占了小便宜，但是他的生意卻越來越好，獲得了更多的利潤。

不過，讓客戶占便宜也不能太過頻繁，這會讓客戶不珍惜的。要把握住一個度。就是讓顧客覺得跟你打交道，感覺最「爽」。這種爽展現在五個字上，是「占了大便宜」。

如何讓顧客感覺占了大便宜呢，不是在價格上一讓再讓，錢這東西，讓多少我們都看不到。倒是搭點小禮物，會讓客戶感覺占了便宜。畢定，有這些實物在手，能讓客戶每次一看到，就會想起你來，心底還有一種占了便宜的感覺。

一般來說，「精明」的客戶權衡品質與價格時非常嚴格，他們既對價格方面非常計較，在議價方面也不會計較花時多長。

這類客戶在購買的過程中往往會給人一種猶豫不決的感覺。

面對這類客戶，業務員要多介紹促銷降價商品，另外也可以以對比價格的方式來推薦商品。「物美價廉」未必能俘獲他們的購買之心，但是「物超所值」的決定是他們的菜。

總之，要想滿足那些「精明」客戶貪小便宜的心理，一定要投其所好，保證我們所給予的「便宜」正合客戶的胃口。

精明的客戶極度謹慎與理智，也十分挑剔的。他們比其他人更在乎細節。他們對準確度，事實和數據十分關心。他們會留心商家的可信度，他們不斷會提醒自己要小心謹慎。即使在購買產品時，也會慢條斯理而且小心翼翼。

他們對業務員有一種不信任的態度。當業務員進行產品介紹說明時，他們看起來好像心不在焉，其實他們是在認真的聽，認真地觀察業務員的舉動，在思索這些說明的可信度。同時他們也在判斷業務員是否真誠，有沒有對他搞鬼，這個業務員值不值得信任。這些客戶對他們自己的判斷都比較自信，他們一旦確定業務員的可信度後，也就確定了交易的成敗，沒有絲毫的商量餘地。

這類顧客大都判斷正確，即使有些業務員有些膽怯，但只要我們真誠、熱心，他們會與你成交的，對付這類客戶有方法三種，如圖 8-2：

圖 8-2　對付「精明」客戶的方法

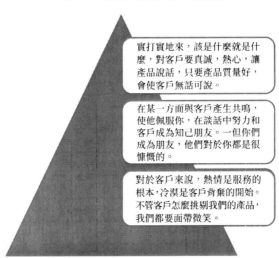

還有一類客戶最難對付，他們不但比較精明，並且具有一定的知識水準，也就是說文化素養比較高，能夠比較冷靜地思索思考，沉著地觀察業務員，並且從業務員的言行舉止中發現問題的端倪，再跟業務員在價格上「開戰」。

他們就像一個具有高水準的觀眾在看戲一樣，演員稍有一絲錯誤都逃不過他們的眼睛，他們的眼裡看起來空蕩蕩的，有時還能發出一種冷光，這種顧客總給業務員一種壓抑感。

不過，這種客戶討厭虛偽和造作，他們希望有人能夠了解他們，這就是業務員所能攻擊的弱點。他們外表看起來很冷漠，嚴肅。雖然也與業務員見面後寒暄、打招呼，但一說話就冷冰冰的，沒有一絲熱情，沒有一絲春風。

業務員對待這類精明型的客戶時，要想辦法從他們的思想、理念上入手，並一一擊破，還是那句話：讓他們在這裡體會最「爽」的感覺。正所謂；一流業務員銷思想、理念。二流業務員銷好處。三流業務員銷產品和服務。

3. 面對猶豫型客戶，窮追不捨

令很多業務員糾心的是那種猶豫不決的客戶，這些客戶說話也很豪爽，對你推銷的產品也認可，種種跡象表明，他們都有購買的訊號。可是一到付錢的時候，就會猶豫不決。這時候催他們付錢吧，他們有可能會不賣，不催吧，他們就這樣耗著，他們是沉得住氣，可我們耗不起啊。

碰到這種情況時，有經驗的業務不會和客戶耗著，而是採取行動。至於如何採取行動，我把一位朋友的方法分享給大家：

我這位朋友叫李玉山，是買健身器材的。有一位顧客在他這裡看過器材後，非常滿意，價格也談好了，可總是遲遲不下單。

每次李玉山打電話給客戶，客戶都會說：「我是真相中了那套器材啊！」

「那您怎麼不趕快買下來呢？」李玉山說，「這套器材可緊俏呢，昨天還有人來問呢。」

客戶說：「你上次說過，這套器材不是還有幾套嗎？我這

幾天再跟家人商量商量。」

李玉山一時無話可說。

直到有一天，另一套器材被另一個客戶賣走了，只剩下一套了。李玉山一著急，就跟客戶打電話，一接通電話他就說：「您好，我是李玉山，請問您要的那套器材，我是今天還是明天送到您家裡去？」

客戶：「這個……」

李玉山緊接著又說：「今天吧，今天是週四，不塞車，正好我們的安裝師傅也來了，到時幫您裝上。」

因為第一套器械賣出去了，要給客戶安裝，公司就派來了安裝工人。李玉山想，正好趁此機會，一併給這個客戶也裝上。

客戶：「那，好吧，就今天送吧。」

這件事之後，李玉山得出一個結論：當準顧客一再出現購買訊號，卻又猶豫不決拿不定主意時，做業務員的要對他們「狠」一點，即「窮追下去」，在問話上不能太過於「守」，而要採取帶有攻擊性的「二選其一」的回答技巧，主動幫客戶決定。

比如，業務員可以對客戶說：「請問您是要那部淺紅色的車還是黑色的車呢？」或是「你結帳是信用卡支付還是現金？」也可以說「我給你把這件長款的衣服包好了，短款的就收走了」等，這種「二選其一」的問話技巧，只要準客戶選中一個，其實就是你幫他拿主意，推動他下決心購買了。

趙藝謀是某化妝品公司的業務員。她的推銷方式很有意思，從來不跟客戶談訂單的事情，而是先和客戶一起熱情地討論哪款的化妝品好，確定了客戶喜歡哪款的產品好後，她會主動幫客戶介紹此類產品，然後問客戶要多少貨？交貨日期？

　　下面是趙藝謀跟客戶之間的談話，我們來借鑑一下：

　　趙藝謀：以您的實力，20 箱沒問題吧？

　　客戶：先不要這麼多。

　　趙藝謀：那我寫 15 箱了。不過我現在這裡沒這麼多，得從總公司申請，我寫交貨日期為三天以後，可以嗎？

　　客戶：可以。

　　趙藝謀：你是來這裡提貨吧。是上午還是下午？上午吧，上午人少，你在市郊，坐車還不塞。

　　客戶：好。

　　趙藝謀：那你先付我 30% 的定金吧。信用卡、現金支付都行，快，省事。我們公司的會計就在櫃檯旁，看到了吧。

　　客戶：看到了。

　　客戶邊說邊拿出皮夾：多少錢，我現在支付吧。

　　趙藝謀一邊低頭寫單子，一邊說了要支付的定金。

　　幫助準顧客挑選產品，也是業務員對付猶豫不決型的客戶的一個技巧。

其實，有很多準顧客即使有意購買意向，也不喜歡迅速簽下訂單，總要東挑西挑選，即使是同一種產品，也要在產品顏色、規格、式樣、交貨日期上不停地打轉。這時，有經驗的業務員就得學會改變策略，暫時不要去談訂單和金錢的問題，而是轉而熱情地幫助對方挑選顏色、規格、式樣、交貨日期等。你一旦把這些問題在客戶那裡解決了，你也就收穫了訂單。

　　勸說猶豫不決的客戶下單，還有如下說話方式，如表 8-3：

表 8-3　勸說猶豫不決的客戶話術

1	先買一點試用看看	準顧客想要買你的產品，可又對產品沒有信心時，你可建議他們先買一點試用看看。只要你對產品有信心，雖然剛開始訂單數量有限，然而對方試用滿意之後，就可能給你大訂單了。別小看這一「試用看看」的技巧，能夠幫準顧客下決心購買。
2	欲擒故縱	有些準顧客天生優柔寡斷，他雖然對你的產品有興趣，可是拖拖拉拉，遲遲不做決定。這時，你不妨故意收拾東西，做出要離開的樣子。這種假裝告辭的舉動，有時也會促使對方下決心。
3	反問式的回答	所謂反問式的回答，就是當準顧客問到某種產品，不巧正好沒有時，就得運用反問來促成訂單。舉例來說，當準顧客問：「你們有銀白色電冰箱嗎？」這時，推銷員不可回答沒有，而應該反問道：「抱歉！我們沒有生產，不過我們有白色、棕色、粉紅色的，在這幾種顏色裡，您比較喜歡哪一種呢？」
4	快刀斬亂麻	在嘗試上面幾種技巧後，若都不能打動對方時，你就得使出殺手鐧，快刀斬亂麻，直接要求準顧客簽訂單。比如，取出筆放在他手上，然後直接了當地對他說：「如果您想賺錢的話，就快簽字吧！」還可以運用一種拜師學藝的語氣，同時，態度要謙虛；在你費盡口舌，使出渾身解數都無效，眼看這筆生意做不成時，不妨試試這個方法。比如：「×經理，雖然我知道我們的產品絕對適合您，可我的能力太差了，無法說服您，我認輸了。不過，在告辭之前，請您指出我的不足，讓我有一個改進的機會好嗎？」像您這種謙卑的話語，不但很容易滿足對方的虛榮心，而且會消除彼此之間的對抗情緒。他會一邊指點你，一邊鼓勵你，為了給你打氣，有時會給你一張意料之外的訂單。

如果我們仔細地分析那些猶豫不決的客戶特點，就會發現，他們之所以在「買」與「不買」之間徘徊，最重要的原因就是緣於他們對我們信任度不夠。所以，除了在說話方式上下功夫外，還要想辦法獲得他們的信任。下面，我為大家提供獲得客戶信任的一些技巧，如表8-4：

表8-4　獲得客戶信任的技巧

1	要不間斷地培養客戶對你的信任	銷售人員應該在第一次與客戶進行溝通時，就要注意對客戶信任的培養，而且對客戶信任的培養必須要貫穿於每一次溝通過程當中，盡可能地使這種過程保持連續。如果銷售人員只是偶爾著手於建立客戶對自己的信任，那客戶就很難在內心形成對你的信賴感。
2	要以實際行動贏得客戶的信任	建立相互信任的客戶關係僅靠銷售人員的嘴上功夫，那可是遠遠不夠的。一些銷售人員把「我是十分守信用的」等語句經常掛在嘴邊，可是卻根本不會考慮客戶的實際需求，更不主動為客戶提供必要的服務，這樣做的最終結果是什麼可想而知。 要想贏得客戶信任就必須全心全意地付出，真正熱誠地關注客戶需求，為他們合理需求的實現付出實際行動。仍然套用那句老話：沒有付出就絕對不會得到收穫，如果不在每一次溝通過程中用真誠的行動感染客戶，那麼客戶信任就永遠無法形成。
3	不因眼前小利傷害客戶	銷售員千萬不要貪戀眼前小利而進行不利於客戶利益的活動，這樣會直接導致客戶對你的不信任，即使之前你已經令客戶對你擁有了99%的信任，但僅僅這1%的不信任就會使接下來的溝通出現重大逆轉。 對一位客戶的一次欺騙和傷害，就可能影響這位客戶周圍的一大片潛在客戶，而且這種惡劣影響是很難透過其他手段來挽回的。美國「汽車銷售大王」喬·吉拉德的統計，平均每個人周圍有250個熟人，如果使一位客戶受到傷害，那很可能就會失去潛在的250為客戶。所以，銷售人員一定要謹慎衡量其中的利害得失。

4. 面對保守型客戶，建立關係

保守型客戶無論是在工作上，還是在生活上都有自己固定的方式與態度，不具有配合他人的通融性。所以，保守型客戶是不會輕易地接受別人的意見，更不會輕易地在別人的說服下改變自己的觀點。在向保守型客戶推銷產品時，你會發現他們是很難應對的一類人，因為不管你怎麼解釋，他們總是非常固執地堅持自己的意見。而且，這種類型的客戶還很要面子，不管自己說的是不是有道理，都不會輕易讓步，特別是在有其他人在場時，往往顯得更加固執己見。

她在面對這種客戶時，不會費盡心思地去勸說他們，而是想辦法接近他們身邊的親人，碰巧他們的親人不在身邊時，她會先跟他們說與推銷無關的話，以此來拉近與他們的感情。當感情深了，關係就近了。這時她說的話，才能夠讓他們聽進去。

蘇亮光是一家企業業務部的一名經理，在做推銷之前，他是一名醫護人員。在他眼裡，做推銷的人一定要能說會道外加臉皮厚。

「這可不是一般人能幹得了的工作啊。」蘇亮光心裡對自己說，「像我這樣性格內向的人，還真不適合做業務。」

因為他對業務的職業抱有成見，蘇亮光換工作後，一直不

敢找業務方面的工作。

有一天上午，他準備出門應徵工作時，聽到敲門聲，他開門一看，是幾天前推銷洗髮精的那位年輕的業務員。

「您好，我是上次向您推銷洗髮精的業務員顏方立。」對方禮貌地說，「請問您試過我送您的樣品了嗎？」

蘇亮光是個實在人，如實說道：「不敢用，因為我之前沒用過這個牌子的洗髮精，擔心用不好傷我的頭髮。」

顏方立笑著說道：「不會吧，像您這麼沉著冷靜的人，會接受不了新產品？」

聽到對方誇自己「沉著冷靜」，蘇亮光很高興，話也多了，他問道：「你怎麼看出我是沉著冷靜的人的？」

「這是您身上的特質，一眼就能看出來啊。」顏方立禮貌地說，「不瞞您說，正是您的沉著冷靜給了我力量，才讓我有勇氣第二次敲開您的門。我剛做業務還不到一個月呢。」

就這樣兩人越談越投機，顏方立告辭時，蘇亮光主動提出要買兩瓶洗髮精。

「不就是幾百塊錢嘛。」蘇亮光當時心想，對方這麼了解我，即使洗髮精品質不好，自己也認了。

巧合的是，正是這兩瓶洗髮精，改變了蘇亮光的職業方向。幾個月後，蘇亮光跟顏方立成了同事。

原來，蘇亮光用過在顏方立這裡買的新式洗髮精後，發現

比他用了好幾年的舊牌子品質好多了。就把另一瓶送給家人用。家人用後也連聲說好。

事後，蘇亮光深有感觸地說：

「兩次跟顏方立打交道，顛覆了我對業務這份職業的認知。原來，做業務並不一定要能說會道。顏方立每次跟我說話，都保持著禮貌，話不多。而讓我決定加入業務行業的是，顏方立說的那句『您的沉著冷靜給了我力量！』。我想，原來做業務並不是要能說會道，而是真心為顧客好。顏方立賣給我的產品就是最好的證明。由此我悟出，一個優秀的業務員，是真心實意地在為客戶著想，真心實間地在為客戶服務。是在行動，而不是光說不做。」

蘇亮光來我們公司做業務員的第一天，他就跟著顏方立出去上門推銷，也是洗髮精。第一天下來，他雖然沒有任何收穫，而且這工作是又苦又累又讓他感到很丟人……但晚上次到員工宿舍，看著同事們那一張張熱情的笑臉、充滿激情的生活狀態。蘇亮光義無反顧地留了下來。

不到一個月，蘇亮光的推銷工作就做上手了。奇怪的是，蘇亮光最擅長的就是搞定那些思想保守型的客戶。

蘇亮光在總結經驗時說：「可能這跟我的經歷有關吧，而且我本人也當過保守型的客戶，能把握住這類客戶的心理，即對新事物懷有『排斥』的心理，現在我才明白，這種心理不

叫『排斥』，而是因為思想太守舊，接受不了，是不敢接受。要克服這種心理，需要一個有耐心的人慢慢對我們加以引導。我就是被顏方立引導過來的。在推銷工作中，我就是利用這種『引導』式方法來引導顧客，慢慢地感化他們。比如，我會用請教的口吻對保守型的顧客說：『您說得非常有道理，您能幫我分析我們公司的這種產品，跟您心中想要的產品有什麼不同嗎？』或說：『聽您說話，我感覺您人很深沉，懂得也多，真希望能夠和您一起來看看這款新產品。』」

面對保守類型的顧客，業務員要在語言上多展示產品給顧客帶來的實際利益和好處，建議其嘗試新的產品。同時，你還要細心觀察其舉動，並適時地來讚美他們，建立真誠的交易關係。

一般而言，保守型客戶性格比較內向，也有一點自卑，所以，業務員在跟他們打交道時，要學會探究他們的「閃光之處」，並藉機把這種「閃光之處」加以頌揚。由於人們特別喜歡親近對自己肯定越來越多的人和事，所以，當你讚揚顧客的話被對方認可時，那麼保守型客戶就會把你當作朋友，你搞定他也就易如反掌了。

下面，為大家提供幾種應對保守型客戶的方法，如表 8-5：

表 8-5　應對保守型客戶的方法

1	設法讓保守型客戶說「是」	由於保守型客戶不會簡單地接受別人的意見，所以銷售人員在說服他們時，如果不帶任何過度的話就直接進入主題，就會讓他們更加堅持自己的想法，不利於以後的說服工作的開展。正確的做法是從說服主題關係不大的事情慢慢談起，用平和的態度迎合對方，使其一開始就說「是」。銷售人員盡量不要讓客戶把「不」字說出口，以免他因為維護尊嚴而堅守錯誤觀點。銷售人員要盡可能地啟發保守型客戶說「是」，用「是」的效應來使他們接受你的影響。人們為了維護自己的尊嚴，維護自我的統一性，不會在同一個問題上說了「是」後再說「不」，沒有人願意給人留下一個出爾反爾的壞印象。
2	做到以理服人	保守型客戶往往對新事物都帶有偏見。偏見的產生源於對事物不全面或不深刻的認識。銷售人員如果能夠做到以理服人，分析清楚執偏見者所沒有認識到的另一面，並明確、有邏輯地表達出來，就不難達到說服這類客戶的目的了。
3	學會利用權威說服他們	幾乎人人都相信權威，有權威的東西往往具有很強的說服力。保守型客戶雖然總是以自我為中心，不顧及別人的看法，但他們往往重視權威人士的意見，甚至借權威意見來反抗別人。針對保守型客戶的這種心理，銷售人員可以引證權威人士的話來說服他們。
4	不要企圖馬上說服客戶	遇到保守型客戶時，銷售人員不要企圖馬上說服他。因為你越想馬上說服他，他就會越保守固執。如果銷售人員竭盡全力把客戶的理由都反駁了，那就更糟了，客戶很可能因為頑固到極點而發作，這樣會讓雙方都很難堪。不但這筆生意做不成，還會影響到下筆生意。所以，銷售人員首先要切記盡量接受客戶所說的事情，他的理由更應該聽，並在適當的時候向他點頭認同，這樣一來客戶就以為自己的看法已被你所接受，自己得到滿足後自然產生了「聽對方意見」的願望。這時你再向他解釋是很有效的。銷售人員應學會忍耐，直到客戶收斂自己的言行而準備聽你的話為止。

5. 面對虛榮型客戶，奉承是最好的武器

在生活中，我們經常遇到一些愛慕虛榮的人，他們什麼都要和別人比，並且一定要把別人比下去。可以說，在虛榮的人眼裡，別人崇拜和欽佩最讓他們開心了，即使他們本身沒有資本驕傲，他們也不在乎，只要能接受讚美就足夠了，哪怕這種讚美是假的，他們也不在乎。

業務員在面對愛慕虛榮型客戶時，最好的說服武器就是奉承。

陳永芳經營著一家服裝專賣店。

有一次，一位中年女子來到她店裡買衣服，她幾乎試遍了店裡所有的衣服，沒有一件讓她滿意的。陳永芳在女顧客試衣服時仔細觀察著，她發現女顧客對衣服的不滿意的問題不在衣服上，而是出在女顧客那裡。

女顧客身材苗條，個子卻不高，而陳永芳店裡的衣服需要高個子的人才能穿出美感來。偏偏女顧客穿的又是平底鞋。但陳永芳不能直接說出來，而是對她說：「您的身材簡直太完美了，高矮適中，這些衣服要想跟您的氣質搭配，必須配上一雙高跟鞋。」

女顧客一聽，臉上樂開了花，問陳永芳：「你這裡有沒有高跟鞋？借我穿一下試試這衣服。」

陳永芳立刻把自己的一雙高跟鞋借給了女顧客。女顧客穿上高跟鞋後，為了搭配她的氣質，她挺胸抬頭，使得她的高子高了不少。陳永芳趁機稱讚：「您看，這樣一來，這件衣服的效果出來了，您的身材太好了，就是一個衣服架子，我看這衣服就是為您而做的。」

 女顧客無比滿意地對著鏡子中的自己左看右看，越看越覺得自己原來美得這樣脫俗，與之前穿的那件衣服的形象是天壤之別。

 「正好我這個號的衣服就進了一件，您穿出去不會撞衫，您的美和氣就是獨一無二的。」陳永芳對著鏡子中那位高挑自信滿滿的女顧客說。

 顧客終於滿意地回答：「您說得太對了，我也覺得這件衣服適合的的氣質，非我莫屬了。」

 「是啊，您看您穿上這件衣服，既精神又端莊大方，就好像變了一個人。」陳永芳嘖嘖讚道，「如果說您剛進來時是一位有氣質的知性女子，那麼現在的您就是升級版的大美人了。」

 女顧客對著鏡子左右照過後，一邊痛快地付錢一邊說：「我太喜歡這件衣服，也不跟你講價了。」

 陳永芳能夠順利成交這位女顧客，是因為她把握住了虛榮性客戶的心理，喜歡談客戶引以為榮的事情。其實，我們每個人都喜歡聽別人讚美自己，如果讚美運用得合理得當，客戶心

260

裡肯定極為受用。越是虛榮的顧客，越愛聽業務員誇自己，這時你對他說奉承話，可以說是相當有效了。

不過，需要注意的是，你對顧客的奉承不能毫無根據地去亂拍馬屁，這樣只會讓顧客覺得你太虛偽，對你產生懷疑。所以，即使面對虛榮的顧客，你的奉承也要把握分寸，最好是針對顧客身上的某一個優點來放大加以誇獎，這樣才能把話說到顧客心裡去，達到成交的目的。

6. 面對攀比型客戶，用事例激起他的購買欲望

不僅僅是客戶，其實，對於大多數人來說，內心深處都有與人攀比的情愫，只不過有人的表現得比較明顯而已，這類人具有非常強的虛榮心和好勝心，他們做什麼事情都要比過別人，心裡才會舒坦。因此，業務員要善於觀察客戶，或者懂得傾聽，這樣你才能夠判斷出這個客戶是否是攀比心理強的人。了解到了客戶的「軟肋」，你才能利用客戶的攀比心理，刺激起他的購買欲望，達到成交的目的。

客戶的攀比心理有好多種，其中最常見的「攀比心理」，就是指當一項服務或一種產品比較容易獲得，而且形成一種潮流時，客戶會產生一種「我不比別人差，我也要擁有」的心理。比如，買車、買房等等，當客戶看到別人買時，就會一窩蜂地

衝上買，這就是潮流。潮流讓人們「買漲不買跌」，潮流讓人們學會了從眾。這一切的根源就是人們的攀比心理。

客戶的攀比心理大部分來自於跟周圍的對比，雖然說客戶的攀比心理太強不太好，但對於業務員來說，卻能讓你更快地與之達到成交的目的。

凡穎是公司優秀的業務員之一，她的業務祕訣之一就是利用客戶的攀比心理。

每當公司的新產品上市，她都要找出自己的那些準客戶名單，一一地拜訪他們，大部分客戶，都會在她的遊說下，答應簽單。

那麼，她是如何充分利用客戶的攀比心理順利成交的呢？

很簡單，凡穎佯裝無意識地對客戶說：「您認識的某某某，他前不久剛進了一批我向您提到的這種新產品，我在回訪時聽說顧客的好評率挺高的。」

或者會說：「上次跟您一起進貨的那位某某先生，這次也要了這批貨，他擔心會漲價，還囑咐我這周個月底給他留出幾件貨，他湊夠首付款就提貨。」

凡穎就是用這種漫不經心的話，激發了客戶微妙的攀比心理，讓客戶覺得如果不進這批貨，就會跟同圍的人或是同行有很大的差距。

很多時候，很多客戶在炫耀、攀比的心理誘導下，購買動

機充斥著虛榮性、攀比性，常常表現為購買名貴商品、限量版商品、時髦商品。

對於大部分客戶來說，他們的攀比心理，是基於對自己所處的階層、身分以及地位的認同或期望認同，他們一般會選擇同類人作為參照來購買某種商品。面對這樣的客戶，業務員要做的就是用客戶熟悉的具體的人或是事例，來激發客戶的購買欲望。

一般來說，造成客戶攀比心理的原因如下：

▌原因一：為了獲得更高的自尊

隨著人們對高水平生活的不斷追求，生活水平就成為展現人們自尊的一種主要表現形式。人們想要獲得更高的自尊，就會不斷提高自己的生活水平，讓自己購買更多、更高階的產品。一旦周圍的親戚朋友購買了某種產品，自己也要去買。

▌原因二：認為高消費展現著事業的成功

消費檔次是事業成功的象徵。社會成功人士具有高標準的消費模式，而為了獲取更高的社會地位，就必須滿足高地位群體所「示範」的行為標準和消費標準。

▌原因三：展現自己的優越感

當今社會，人員的流動機率很高，特別是在城市生活中，人們大多來自不同地域、不同階層，由於人們接觸到了各種不

同的比較對象，大大提高了拿自己的活品質與其他人的生活品質進行比較的機率。而每一次攀比的失利都會激發人們來購買商品來提高生活品質，以便將對方比下去。

7. 面對專斷型客戶，順著他說話

俗話說，人上一百，形形色色。業務員每天要面對大量的客戶，碰到的客戶自然是各種性格的都有。其他性格的客戶還好說一點，若是碰到那種個性固執強硬、專斷獨行的客戶時，你要表現得溫和，盡量順著對方。因為這個類型的客戶，爭強好勝不說，對自己還盲目自信。此類客戶的「軟肋」就是吃軟不吃硬。

楊一靖是公司的資深業務員，幾年來接觸過很多性格不同的客戶，他都能夠憑藉著自己的經驗巧妙地跟客戶周旋，達成交易。

最近楊一靖遇到了一個叫劉慧芳的新客戶，劉慧芳是典型的專斷型客戶，加上又是第一次合作，劉慧芳一上來就給了楊一靖一個下馬威。她在跟楊一靖談合作時，完全以自我為中心，提的要求最多，問的問題也最多，而且稍有不滿意，她就咄咄逼人地訓對方：「你想什麼呢？有沒有認真聽我講話？我提出的要求，你到底能不能幫我解決？」

客戶蠻橫的態度，不可一世的語調，換作任何一個人，臉面上都擱不住的。畢定都是成人，而業務原本就是雙方的合作，客戶態度可以高調，但不能太離譜。所以，劉慧芳之前跟任何人合作，都是因為業務員忍受不了她的氣勢而中止。

　　楊一靖不愧為資深業務員，面對劉慧芳的囂張氣焰，他採取的是「洗耳恭聽」，然後耐心地回答客戶的問題，能解決的，他給出肯定的回答；不能解決的，他提出可行的方案。儘管這樣，劉慧芳還是不肯罷休，她說再考慮考慮。讓楊一靖一週後帶著樣品去她公司。

　　劉慧芳的公司在市郊，倒好停車，來回要四個多小時。當時還是夏天，當楊一靖按照約定時間，揹著樣品，汗流浹背地來到劉慧芳的公司時，卻發現劉慧芳不在公司。劉慧芳的助理讓他放下樣品先回去。等劉慧芳回來，電話跟他溝通，就不用再跑一趟了。

　　楊一靖想了想，說道：「我考慮到樣品妥善保護太麻煩，還是帶回去吧，等劉總回來，您告訴我一聲，我重新跟她敲定約見時間。」

　　劉慧芳回來後，讓他第二天下午三點到公司。楊一靖答應了。因為是中午出發，正是烈日當空。楊一靖到達劉慧芳公司時，正好 2：50，劉慧芳在給部門員工開會。他就在會客室等，直到快四點時，劉慧芳才開完會。

劉慧芳看也不看楊一靖遞上來的樣品，武斷地下結論：「聽說你們公司的這批貨是積壓的庫存，品質不好，我想還是等一等吧，等你們新品上市再說。」

楊一靖微笑著說：「劉總，這批貨不是庫存，是因為市場回饋好，公司才多生產的，您是這方面的行家，可以看看的。」

劉慧芳生氣地說：「你懷疑我的判斷能力？我在這行幹了二十多年了，說句不好聽的話，我剛入這行時，你可能小學都沒有畢業吧。我說不看就不看，你拿回去吧。」

楊一靖只好邊收樣品邊說：「聽您的，等新的產品一上市就通知您。其實，新產品除了品種多以外，品質跟老產品是一樣的。」

那天楊一靖回家時，快晚上八點了。他顧不上吃飯，開始反思自己：

第一次白跑一趟的原因，是由於劉慧芳是大客戶，自己過於相信她，在去客戶公司前，沒有事先打電話確認。這次劉慧芳提出要新產品，對他帶去的樣品看也不看，是因為他去之前沒有再確認一次，或是拍一張照片給劉慧芳看。這些失誤都是自己造成的。在下次要注意。

半個月後，等新產品上市時，他事先打電話向劉慧芳確認，又把新、舊產品拍照發給劉慧芳確認，分析了兩種產品的共性和差異，甚至去見劉慧芳時，他新舊產品都帶了。

第三次他剛進劉慧芳辦公室，劉慧芳態度明顯好多了。不但非常痛快地跟楊一靖簽了新產品的單，舊產品也要了一部分。

　　楊一靖能把像劉慧芳這種獨斷專行的客戶搞定，用的就是順從對方，即便對方做得很過分，他也不計較，而是仍站在對方角度為對方說話。正是這種態度，感動了劉慧芳。

　　由於專斷型客戶具有支配別人的習慣，哪怕他們心裡明白，自己這種支配人不對，但性格使然，讓他們無法控制自己。如果你能順著他們，慢慢感動他們後，他們還是願意跟你合作的。

　　總之，業務員在與客戶溝通前，一定要以尊重客戶為前提，千萬不要受客戶情緒所左右。在交談中，你要不卑不亢，需要你說話時要保持禮貌，即便客戶說的和做的不對，你也不要指責、抱怨，甚至不要流露出任何消極或是不滿的情緒。更不能與客戶發生語言上的衝突，而是讓客戶自己發現說錯了或是做錯了，當他有愧意時對你的補償就是痛快地簽單。

8. 面對暴躁型客戶，給予理解、包容、忍讓

　　暴躁型客戶缺乏忍耐力，他們心中受不得一點委屈，哪怕是對方的一個眼神或是無意中的一句話，讓他們不爽了就會大

發雷霆，令對方猝不及防。暴燥類的人唯我獨尊，外界的一切都要以他們是否快樂為中心。

面對業務員推薦的產品，他們更是一發現產品哪個地方不合自己的意，就不分場合地大聲斥責客戶。面對這樣的客戶時，業務員明智的做法就是要給予理解、包容和忍讓。

有一位年輕的女顧客，一週前從錢梅蘭這裡買了一件真絲連衣裙，一週後卻拿過來退貨。

女顧客看到錢梅蘭，大聲質問道：「我花上千元買的是真絲連衣裙，你給的這是什麼貨色，我那些內行的朋友看了都笑話我，你們這裡算什麼大商場，我看除了價格高，品質跟地攤貨一樣吧。我不要了，你給我退貨。」

錢梅蘭雖然不認識女顧客，但她認識自己賣的裙子，連忙問：「小姐您不要生氣，對身體不好，到底出了什麼事情，您先消消火再說。」

女顧客冷笑一聲：「我能消火嗎？感情不是花的你的錢吧。甭給我廢話，趁我的火氣還沒有爆發前，把裙子退了。」

錢梅蘭一邊看裙子一邊仍然禮貌地說：「沒有關係的，您對裙子不滿意是可以退貨的，因為店裡有規定，顧客退貨要寫上原因，您現在能把退貨的具體原因告訴我嗎？」

女顧客仍然火藥味十足：「我記得一週前我試好後，問你是不是真絲的。你說是，而且還是從國外正規廠家進的貨，品

質有保證。可是我有一個同學就是做這行的，她一摸這料子，就不是真絲。另外，這做工也不像正規廠家出的。」

錢梅蘭這才聽明白了顧客的意思，溫和地說：「換作是我，我也會生氣退掉，花那麼高的價格買的卻不是真絲的。您放心，如果不是真絲的，我不但要幫您退貨，還會加倍補償您的。」

女顧客一愣，她沒有想到對方還會補償。

接著，錢梅蘭一邊把裙子攤開在顧客面前，一邊講什麼是真絲，其精湛的專業知識和禮貌有加的聲音，令女顧客聽得入了迷。錢梅蘭講完後，女顧客態度和緩很多：「我今天從你這裡知道了什麼是真絲，哦哦，我那個同學，她只是看了我發給裙子的照片，沒看到實物。」

錢梅蘭笑著說：「您如果還不放心，可以退掉，但這裙子確實是真絲。」

女顧客笑了：「我買的就是真絲裙子，既然是真絲的，我何必還要退呢。」

錢梅蘭可謂是業務高手，面對顧客暴躁無禮的態度，她始終給予理解、包容、忍讓，同時，她回答顧客的話，也是彬彬有禮、有理有據，才讓她最終打動了顧客。

其實，每個人的性格中，都或多或少地帶著心急、暴躁的情緒，而暴躁型性格的人，只不過是控制力較差，把這種情緒

第八章　發現突破點，抓住顧客「軟肋」促成交

放大了。如果業務員能夠在理解顧客的基礎上給予包容，就會
緩解客戶的情緒。同時，還要做到不被對方的蠻橫和傲慢所屈
服，既不阿於奉承，也不急著為自己辯護，而是用不卑不亢的
言語來感化對方。

270

8. 面對暴躁型客戶，給予理解、包容、忍讓

電子書購買

爽讀 APP

國家圖書館出版品預行編目資料

銷售情緒心理學，八大高情商成交法：深入客
戶內心、提高成交率，在商場中勝出的傾聽策
略 / 馬斐 著 . -- 第一版 . -- 臺北市 : 財經錢線文
化事業有限公司 , 2024.02
面；　公分
POD 版
ISBN 978-957-680-756-5(平裝)
1.CST: 銷售 2.CST: 銷售員 3.CST: 職場成功法
496.5　　　113000605

銷售情緒心理學，八大高情商成交法：深入客戶內心、提高成交率，在商場中勝出的傾聽策略

臉書

作　　　者：馬斐
發 行 人：黃振庭
出 版 者：財經錢線文化事業有限公司
發 行 者：財經錢線文化事業有限公司
E - m a i l：sonbookservice@gmail.com
粉 絲 頁：https://www.facebook.com/sonbookss/
網　　　址：https://sonbook.net/
地　　　址：台北市中正區重慶南路一段六十一號八樓 815 室
Rm. 815, 8F., No.61, Sec. 1, Chongqing S. Rd., Zhongzheng Dist., Taipei City 100,
Taiwan
電　　　話：(02) 2370-3310　　傳　　　真：(02) 2388-1990
印　　　刷：京峯數位服務有限公司
律 師 顧 問：廣華律師事務所 張珮琦律師

定　　　價：375 元
發 行 日 期：2024 年 02 月第一版
◎本書以 POD 印製
Design Assets from Freepik.com